잠수정,
바다 비밀의
문을 열다

잠수정, 바다 비밀의 문을 열다
_심해유인잠수정 탑승기

초판 1쇄 발행일 2014년 9월 5일
초판 2쇄 발행일 2017년 5월 30일

글과 사진 김웅서, 최영호
펴낸이 이원중

펴낸곳 지성사 **출판등록일** 1993년 12월 9일 **등록번호** 제10-916호
주소 (03408) 서울시 은평구 진흥로1길 4(역촌동 42-13) 2층
전화 (02) 335-5494 **팩스** (02) 335-5496
홈페이지 지성사.한국 | www.jisungsa.co.kr **이메일** jisungsa@hanmail.net

ISBN 978 - 89 - 7889 - 289 - 6 (04400)
ISBN 978 - 89 - 7889 - 168 - 4 (세트)

잘못된 책은 바꾸어드립니다. 책값은 뒤표지에 있습니다.

이 도서의 국립중앙도서관 출판시도서목록(CIP)은 서지정보유통지원시스템 홈페이지(http://seoji.nl.go.kr)와
국가자료공동목록시스템(http:www.nl.go.kr/kolisnet)에서 이용하실 수 있습니다. (CIP제어번호:CIP2014024436)

잠수정,
바다 비밀의
문을 열다

심해유인잠수정 탑승기

김웅서 · 최영호
지음

지성사

차례

여는 글 • 6

1부 뉴스에 떠오른 잠수정 • 9

2부 세계의 심해유인잠수정 • 19

3부 심해유인잠수정 탑승자들과의 대화 • 59

해저온천, 그 비밀의 세계로 들어가다 • 61
– 김경렬 교수(광주과학기술원 기초과학부/서울대 지구환경과학부)

심해 5,044미터 탐사의 축복 • 81
– 김웅서 박사(한국해양과학기술원 심해저자원연구부)

운명의 여신과 함께한 신카이6500 • 97
– 김동성 박사(한국해양과학기술원 동해연구소)

내 생애 새로운 아침, 완전히 다른 신세계 • 113
– 정회수 박사(한국해양과학기술원 해양환경보존연구부)

새로운 것에 눈을 뜨게 한 심해탐사 • 125
– 현정호 교수(한양대학교 해양융합과학과)

1분 1초가 아까운 경이로운 심해탐사 • 137
– 이창식 박사[(주)에이에이티]

닫는 글 • 148

2009년 〈내셔널 지오그래픽〉 지에 태평양에서 사는 머리가 투명한 물고기가 소개되었다. 머리 부분이 전투기 조종석처럼 보이는 '배럴아이barreleye'는 눈이 볼록하여 이런 이름이 붙었다. 배럴아이는 머리 피부가 매우 얇아 유난히 머리가 투명하다. 툭 튀어나온 눈은 사방팔방 어느 곳이든 볼 수 있고, 어두운 곳도 잘 볼 수 있다. 이 물고기가 세상에 알려진 것은 심해잠수정이 있었기에 가능했다.

또한 2014년 3월 13일 제주 용천동굴에 희귀어류가 산다는 기사가 언론에 소개된 적 있다. 길이는 3.44센티미터로 작았지만, 제주도 연안에 사는 비슷한 종보다 머리가 컸다. 피부는 멜라닌 색소가 적어 옅은 분홍색이었고, 속이다 보일 정도로 투명했다. 눈은 거의 퇴화되어 보이지 않았다. 600년 전 해수면이 높아지면서 캄캄한 동굴 속으로 들어가 적응한 결과이다. 2004년 필자 또한 심해유인잠수정을 타고 수심 5,000미터가 넘는 북동태평양 바다 밑바닥에서 눈이 없는 심해 희귀어류를 발견한 바 있다.

바다는 넓을 뿐만 아니라 깊기도 한 공간이다. 그 공간은 아직도 비밀의 문으로 닫혀 있다. 뗏목을 타고 거친 바다를 건너고, 바람을 품은 범선으로 먼 바다로 항해하던 시절에도 그러했지만, 첨단 해양과학기술이 발달한 지금도 바다는 신비의 공간 그대로다.

바다의 신비는 영영 풀 수 없는 비밀인가? 우리나라는 2013년 심해 연구를 위해 전 세계에서 여섯 번째로 심해 6,500미터까지 탐사할 수 있는 심해유인잠수정 개발에 나섰다. 이를 계기로 우리나라 해양과학자들의 심해유인잠수정 탐사 경험을 한국해양과학기술원에서 발행하는 '미래를 꿈꾸는 해양문고'로 출간하게 되었다. 김경렬 교수님을 비롯하여 소중한 심해탐사 경험을 함께 나누어 주신 분들께 감사를 드린다. 우리가 미처 파악하지 못한 분들이 더 있을지도 모른다. 따라서 계속 보완하여 소중한 경험을 기록으로 남기도록 하겠다.

비록 우리 해양과학자들이 우리나라에서 제작한 심해유인잠수정을 탑승한 것은 아니지만 미국, 프랑스, 일본 등에서 개발한 심해유인잠수정을 탑승한 경험은 우리나라 심해잠수정 개발에 큰 기여를 하리라 믿는다. 이 소중한 경험들이 기억 속에서 사라지기 전에 의미 있는 기록으로 남겨 자라나는 세대들에게 심해탐험이 왜 우주탐험보다 열배, 백배 더 어렵고 힘든지를 올바로 알려주고 싶은 바람이 간절하다.

모든 일은 시작이 반이다. 우리나라에서 개발한 심해유인잠수정이 마리아나 해구를 탐사하는 꿈을 꾸어 본다. 세상의 모든 길은 앞이 아닌, 뒤에 생긴다. 심해유인잠수정이 오고간 그 신비로운 바닷길로 여러분을 초대한다.

2014년

김웅서, 최영호

1부

∞

뉴스에 떠오른
잠수정

2012년 봄, 심해유인잠수정에 관한 이야기로 세상이 떠들썩했다. 그 중심에는 '딥시챌린저Deepsea Challenger 호'를 타고 지구에서 가장 깊은 심해를 탐험한 제임스 카메론 감독이 있었다. 영화 「타이타닉Titanic」 제작 이후 세계인들의 시선을 한 몸에 받은 카메론 감독이 과감히 마리아나 해구 탐사에 나선 것이다. 수심이 무려 1만 미터가 넘는 심해였다. 도대체 왜 이런 시도를 한 것일까? 영화 「아바타Avatar」의 속편을 만들기 위해서였다. 생각할수록 참 흥미롭다. '심해를 배경으로 한 「아바타」 속편 제작을 위해 목숨을 걸고 가장 깊은 바다 속으로 들어간다?' 상식을 초월한 그의 행동에 사람들의 관심은 카메론 감독을 매혹시킨 심해와

심해유인잠수정 딥시챌린저 호

심해잠수정으로 쏠렸다.

　　카메론 감독에게 심해유인잠수정은 분신과도 같았다. 그는 영화 「타이타닉」을 찍을 때 심해유인잠수정을 활용했다. 타이타닉 호는 1912년에 건조된 초호화 여객선이었지만, 그 영광은 고작 4일에 지나지 않았다. 영국 사우샘프턴 Southampton을 떠나 미국 뉴욕으로 첫 항해에 나섰던 타이타닉 호는 빙산과 충돌해 북대서양 수심 3,800미터 바닥으로 침몰하고 말았기 때문이다.

　　흥행에 성공한 영화 「타이타닉」 촬영에 사용된 잠수정

은 러시아 심해유인잠수정 '미르^{Mir}'였다. 하지만 성공 뒤에는 중요한 한 사람이 있었음을 지나쳐서는 안 된다. 로버트 발라드 박사이다. 발라드 박사는 1985년 타이타닉 호를 탐사할 때 미국과 프랑스 공동 탐사대를 이끌었고, 타이타닉 호 선체 일부를 인양하는 데 큰 공을 세웠다. 이때 활약한 잠수정이 미국의 '앨빈^{Alvin}'과 프랑스의 '노틸^{Nautile}'이었다. 1912년에 침몰된 타이타닉 호는 73년이 지난 뒤 마침내 세상에 다시 모습을 드러냈고, 85년 뒤에는 영화로 새롭게 부활했으며, 102년 뒤인 지금은 여러모로 주목받고 있다. 세월의 덧없음을 느끼지 않을 수 없지만, 그동안 인간의 무한한 상상력과 도전 의지는 계속되었고, 심해탐사 기술도 꾸준히 발전했다.

흥미로운 이야기는 사람들의 입에서 입으로 전해진다. 더러는 풍문일 때도 많다. 바다와 해양문화에 대한 우리의 관심이 대체로 높지 않다는 것을 감안할 때, 심해에 관한 대중적 관심은 뜻밖의 일이다. 심해유인잠수정에 대한 관심은 더욱 그러하다. 그냥 바다도 아니고, 동화 속에 나오는 용왕이 사는 깊은 바다를 어떻게 자유롭게 드나들 수 있다는 말인가! 생각만 해도 가슴 설레고, 수많은 상상력을 자극한다.

뉴스에는 사람들의 관심을 끌 만한 기사가 실리기 마련이다. 언론에 소개된 심해유인잠수정에 관한 기사를 살펴보자. 우리나라도 심해유인잠수정을 만들어야 한다는 논의의 불씨를 지핀 것은 중국과 러시아였다. 중국은 2007년 우주탐사에 이어 해양탐사에서도 미국에 뒤지지 않겠다며 도전장을 냈다. 같은 해 러시아는 북극 심해 4,000미터에 자국의 심해유인잠수정 미르를 이용해 러시아 국기를 꽂음으로써 잠자고 있던 북극 영토 분쟁에 불씨를 당겼다. 이 모두가 미국을 겨냥한 경쟁적 행동이었다. 2012년에 들어서자 심해유인잠수정과 관련하여 가장 주목 받은 뉴스는 앞서 이야기한 제임스 카메론 감독의 획기적인 도전이었다.

백 마디 말을 듣는 것보다 직접 한 번 보는 것이 더 낫다고 했던가! 심해유인잠수정에 대한 관심을 실감나게 끌어올린 것은 2012년에 열린 여수세계박람회였다. 박람회 해양베스트관에서는 당시만 해도 가장 깊이 들어가 과학탐사를 할 수 있는 일본의 심해유인잠수정 '신카이6500'에 대한 소개가 있었다. 이때 모선에 실려온 신카이6500은 여수

해저 4200m에 잠수정 보내
러 "북극은 우리땅" 깃발 꽂아

러시아 연구팀이 2일 사상 처음으로 수심 4200m의 북극 해저(海底)에 소형 잠수정 '미르(Mir·세계)호' 2척을 내려 보내 러시아 국기(國旗)가 담긴 티타늄 캡슐을 붙는 데 성공했다. 북극이 러시아 것임을 대외에 과시하기 위한 것이다.

미국 외교전문지 포린 폴리시(Foreign Policy)는 "1969년 7월 미국의 아폴로 11호가 달에 착륙해 미국 성조기(星條旗)를 꽂음으로써 우주경쟁에서의 승리를 선언했던 것처럼, 러시아의 이번 시도는 북극 자원개발 경쟁에서 러시아가 승리했음을 선언한 셈"이라고 평가했다.

탐사선 '아카데믹 표도로프호'는 지난달 28일 쇄빙선 '로시야호'와 함께 무르만스크를 출발했다. 선두에서 로시야호가 북극해의 얼음을 깨준 덕분에 1일 저녁 8시쯤 무사히 북극점에 도착한 표도로프호는 2일 오전 잠수정 미르호를 투하, 북극 해저 정복의 꿈을 이뤘다.

러시아 잠수정 '미르호'가 2일 북극 심해를 향해 항해하고 있다. 러시아는 북극이 자국 영토임을 강조하려고 이날 수심 4200m 해저에 국기가 담긴 캡슐을 묻었다. /로이터

러시아의 북극 탐사 의도는 이 지역에 매장된 석유와 천연가스의 소유권을 미리 공인 받겠다는 것이다. 북위 90도 지점인 북극점을 중심으로 총면적 2500만~3000만㎢에 이르는 북극지역은 지구 육지 전체 매장량의 약 4분의 1(100억t)에 해당하는 석유와 가스가 매장돼 있는 것으로 추정된다. 지금까지 북극해에 인접한 러시아와 미국, 캐나다, 노르웨이, 덴마크(그린란드) 등 5개국은 북극을 서로 자국 소유라고 주장해 왔다. 러시아는 이번에 북위 88도 지점에 있는 북극 '로모노소프' 해령(海嶺)이 동시베리아 추코트 반도와 대륙붕으로 연결돼 있음을 입증하려고 애쓰고 있다. 하지만 경쟁국들은 여전히 러시아의 대륙붕 연결 사실을 인정치 않고 있다.

모스크바=권경복 특파원 kkb@chosun.com

세계 최초로 탐사 성공
"달에 성조기 꽂은 美처럼
북극 자원경쟁 승리 선언"

북극해에 러시아 국기를 꽂은 미르 신문기사 2007년 8월 3일(조선일보사 제공)

행사장에 전시되어 일반인들에게도 공개되었다. 이 일을 계기로 심해유인잠수정과 이를 이용한 심해저 자원개발에 대한 언론의 관심이 높아졌다.

〈중앙일보〉는 2012년 7월 4일자에서 '2억km² 심해에 국가 미래 있다'는 칼럼을 실었고, 〈동아닷컴〉은 7월 11일 '마지막 노다지 캐자, 심해 골드러시'라는 기사를 실었다. 2011년 11월 남태평양 도서島嶼 국가 피지에서 열린 국제해

여수세계박람회의 신카이6500 전시장

저기구[ISA] 학술 토론회의에서 "세계 각국이 지구 면적의 절반을 차지하는 공해상公海上에서 금, 구리 등 심해 광물자원 개발을 경쟁적으로 하는 새로운 국면에 접어들고 있다"는 오둔톤[Nii A. Odunton] 사무총장의 발표 내용도 인용되었다. 국제해양광물학회[IMMS]의 체르카쇼프 박사는 "심해저 광물자원은 먼저 들어가 차지하는 사람이 임자다. 심해저는 마지막 남아 있는 지구의 영토 전쟁터다"라는 말로 심해를 놓고 벌이는 국가 간의 경쟁을 표현했다.

이에 질세라 우리나라도 2020년까지 해양과 극지과학 기술 육성에 3조 6천억 원을 투입하겠다는 계획이 〈아시아경제〉 2012년 7월 18일자 신문에 발표되었다. 이를 계기로 2013년 10월 우리나라도 6,500미터급 심해유인잠수정 개발을 시작했다. 앞서 이야기했듯이 제임스 카메론 감독은 1인승 심해유인잠수정을 타고 심해 10,898미터까지 내려갔다. 미국은 이미 1960년 유인잠수정 '트리에스테[Trieste]'로 심해 10,916미터까지 내려간 기록이 있다. 일반인이 해저 1만 미터까지 내려가는 상황에서 6,500미터급 잠수정을 개발할 필요가 있느냐고 물을 수 있겠지만, 행사용으로 한번 심해에 내려갔다 오는 것과 연구를 위한 탐사 능력을 갖추는 것은 차원이 다른 문제이다. 다시 말해, 현재까지 1만 미터 이상 내려간 잠수정은 과학탐사 능력을 갖춘 심해유인잠수정이 아니다.

2013년 5월 24일 카메론 감독의 심해탐사 기사가 〈내셔널 지오그래픽〉 지에 실렸다는 뉴스가 전해졌고, 그다음 달 중국 심해유인잠수정 자오룽蛟龍이 남중국해를 탐사할 때 여승조원이 처음으로 참가했다는 소식과 7,000미터급 자오룽 개발에 힘입어 11,000미터급 심해유인잠수정 개발

심해유인잠수정 트리에스테

에도 착수했다는 소식이 있었다. 특히, 같은 해 11월 중국이 우주에 이어 심해 정거장까지 만든다는 소식도 들렸다. 중국은 우주 개발에는 미국에 뒤졌지만, 해양 개발 경쟁에서 미국을 앞지르겠다는 의지가 강하다. 일본도 이에 뒤질세라 12,000미터까지 들어갈 수 있는 심해유인잠수정을 만든다는 획기적인 계획을 2013년 연말 세상에 발표했다.

2부

∞

세계의
심해유인잠수정

우주를 개발하기 위해서는 우주선이 필요하듯, 심해를 탐사하고 개발하기 위해서는 심해잠수정이 필요하다. 먼저 심해잠수정의 종류에는 어떤 것이 있는지 알아보자.

심해잠수정은 사람이 탈 수 있는 유인잠수정과 사람이 타지 못하는 무인잠수정으로 구분된다. 이 두 잠수정에는 장단점이 있다. 유인잠수정은 사람이 타고 현장에서 직접 상황을 판단하면서 탐사하므로 작업의 정밀성을 높일 수 있다는 장점이 있는 반면, 무인잠수정은 사람이 타지 않으므로 안전사고에 대한 부담감이 적고, 더 오랜 시간 수중 탐사를 할 수 있다는 장점이 있다. 무인잠수정은 모선과 케이블로 연결되어 모선에서 원격조종할 수 있는 원격조종무인잠수정ROV, Remotely Operated Vehicle과 스스로 움직일 수 있는 자율무인잠수정AUV, Autonomous Underwater Vehicle으로 나눌 수 있다. 참고로 한국해양과학기술원에서 개발한 '해미래'는 6,000미터급 원격조종무인잠수정이고, '이심이'는 자율무인잠수정이다.

최근 심해를 놓고 해양력 경쟁이 점점 치열해지고 있다. 2007년 러시아는 심해유인잠수정 '미르'를 이용해 북극해의 심해에 러시아 국기를 꽂았다. 「타이타닉」, 「아바타」 등을 제작한 미국의 영화감독 제임스 카메론은 2012년 3월 심해유인잠수정 '딥시챌린저'를 타고 마리아나 해구 수심 10,898미터를 다녀왔다. 2012년 6월 중국의 심해유인잠수정 '자오룽'은 마리아나 해구 수심 7,062미터까지 탐사하는 데 성공했다. 일본은 수심 12,000미터까지 탐사할 수 있는 심해유인잠수정 '신카이12000'을 만들겠다고 발표했다. 가장 깊은 바다가 11,034미터이므로 이 잠수정이 개발되면 바다 속 어디라도 탐사가 가능하다. 1964년부터 탐사를 시작한 미국의 심해유인잠수정 '앨빈'은 어느덧 만든 지가 50년을 넘었다. 앨빈은 심해 과학탐사를 할 수 있는 최초의 유

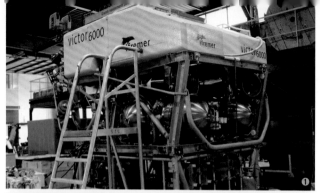

❶ 원격조종무인잠수정 '빅터'(프랑스)

❷ 자율무인잠수정(프랑스)　❸ 원격조종무인잠수정 '해미래'

인잠수정이다.

이처럼 세계 해양강국은 더 깊은 바다로 인간의 활동 영역을 넓혀 가고 있다. 심해의 신비를 밝히기 위한 과학 탐사 목적도 있지만, 심해에서 자원을 개발하려는 목적도 있다.

바다 속에 대한 호기심은 아주 오래전부터 인간의 탐험 욕구를 불러일으켰다. 기원전 325년 마케도니아의 알렉산드로스 대왕은 인도 원정에서 돌아오는 길에 에메랄드빛으로 빛나는 페르시아 만 바다를 수심 10미터까지 밧줄에 매달린 잠수종 타고 내려갔다. 원통 또는 종 모양의 잠수종은 바다 속으로 들어가더라도 안에 있는 공기로 숨을 쉴 수 있었다. 그러나 잠수종을 이용해 물속에 머물 수 있는 시간은 아주 짧았다.

20세기 초에 사람이 타고 바다 속으로 들어갔던 장비는 쇠줄로 매달아 물속에 내리는 구형球型의 심해잠수구 bathysphere였다. 윌리엄 비브와 오티스 바턴은 두께 3.8센티미터의 강철로 지름 1미터 34센티미터인 공 모양의 잠수구를 만들어 1930년 6월 6일 버뮤다 근처에서 수심 240미터

❶ 알렉산드로스 대왕이 잠수종을 타고 내려가는 모습을 묘사한 그림
❷ 비브의 잠수구

까지 들어갔다. 이 잠수구에는 석영유리로 된 창이 3개 있어 밖을 내다볼 수 있었다. 비브의 잠수구는 1934년 8월 11일 수심 908미터까지 내려가는 기록을 세우고 물러났다. 그 후 바턴은 새로운 잠수구를 만들어 1948년 1,360미터까지 잠수했다. 이 심해잠수구는 쇠줄에 매달려 깊은 바다 속으로 내려가므로 만약 줄이 끊어지면 인명사고가 날 위험이 있었다.

이러한 단점은 스스로 물 위로 떠오를 수 있도록 부력재를 사용한 심해잠수정(바티스카프bathyscaphe)이 만들어지면서 해결되었다. 1960년 1월 22일 자크 피카르와 돈 월시는 미국 해군의 '트리에스테'를 타고 마리아나 해구의 수심 10,916미터 잠수에 성공했다. 1962년 7월 26일에는 오비른, 사사키, 들로즈가 프랑스의 '아르키메데스'를 타고 수심 9,545미터까지 내려갔다. 비록 수심은 트리에스테의 잠수 때보다 깊지 않았지만, 수백 장

돈 월시

의 심해 사진을 찍고, 심해 퇴적물을 채집하고, 심해생물의 관찰 기록을 남기는 등 과학적으로 더 의미가 있는 잠수였다. 그러나 당시 심해잠수정은 그저 깊이 들어가는 데 목적이 있었다. 부력재로 가솔린을 사용한 탓에 크기가 커서 수중에서 자유롭게 이동할 수 없었고, 심해에 체류할 수 있는 시간이 너무 짧아 과학탐사에는 한계가 있었다.

프랑스의 자크 쿠스토는 무겁고 사용하기에 거추장스러운 바티스카프의 단점을 개선한 잠수정을 고안했다. 2~3명이 탈 수 있는 강철로 만든 공 모양의 조종실에, 속이 빈 아주 작은 유리구슬과 합성수지로 만든 부력재를 사용했다. 이 부력재는 부피가 작아도 부력이 크기 때문에 잠수정의 크기를 줄일 수 있었다. 크기가 작아진 잠수정은 모선으로 운반해 원하는 장소 어디에서든 잠수할 수 있다는 장점이 있다. 지금의 심해유인잠수정은 수 시간 동안 자체 추진력으로 자유롭게 움직이면서 로봇 팔로 생물과 퇴적물을 채집할 수 있으며, 카메라로 사진과 동영상을 찍을 수 있어 과학탐사에 널리 사용되고 있다.

우리나라는 1987년 수심 250미터까지 들어갈 수 있는

잠수정의 로봇 팔

유인잠수정 '해양250'을 개발한 바 있다. 이 잠수정은 1996년에 물러나 한국해양과학기술원 남해연구소에 보관되어 있다가 현재 부산광역시 영도구에 위치한 국립해양박물관 야외에 전시 중이다. 이후 오랜 침묵에서 깨어나 2013년 10월 6,500미터급 심해유인잠수정 개발에 착수했다. 현재 미

우리나라 유인잠수정 해양250

국, 프랑스, 러시아, 일본, 중국은 6,000미터 이상급 심해 유인잠수정을 보유하고 있다.

다음은 나라별로 어떤 심해유인잠수정을 보유하고 있는지 살펴보기로 한다. 각국의 심해유인잠수정 이야기는 한국과학창의재단에서 발간하는 〈사이언스 타임즈〉에 필자가 소개했던 글이다.

미국의 심해유인잠수정

심해에서 과학탐사를 할 수 있는 심해유인잠수정의

심해유인잠수정 개발 사례					
명칭[국가]/기관	앨빈 [미국] 우즈홀해양연구소 (WHOI)	노틸 [프랑스] 국립해양개발연구소 (IFREMER)	미르 [러시아] 시르쇼프 해양연구소	신카이6500 [일본] 해양연구개발기구 (JAMSTEC)	자오룽 [중국] 중국과학부, 국가해양국, 중국대양협회 외
최대심도	4,500m급	6,000m급	6,000m급	6,500m급	7,000m급
개발 연도	1964	1984	1987	1989	2010
탑승 인원	3(조종사1, 과학자2)	3	3	3	3
특징	● 4,500회 이상 임무 수행:심해열수분출공 발견(1977), 타이타닉호 조사 (1986) ● 6,500m급 앨빈 II 2013년 건조 완료, 2014년 시운전	● 1,500회 이상 임무수행 ● 잠항수심 6,000m	● 1,100회 이상 임무수행 ● 영화 타이타닉 촬영에 이용	● 1,500회 이상 임무수행 ● 6,492m 최대수심 잠수기록 보유	● 2012. 6. 28일 수심 7,062m 잠수, 세계 기록 갱신

세계의 심해유인잠수정 비교

만형은 미국 우즈홀해양연구소WHOI, Woods Hole Oceanographic Institution에서 운영하고 미국 해군이 소유한 앨빈Alvin이다. 앨빈이란 이름은 우즈홀해양연구소의 과학자 앨린 바인 Allyn Vine을 기리기 위해 그의 이름에서 따왔다. 1962년에 제작하기 시작해 1964년 6월 5일에 완성되었고, 이듬해 7월 20일에 처음으로 모선 루루Lulu에서 수심 약 1,800미터까지 잠수했다. 당시 앨빈은 약 2,500미터까지 잠수가 가능하도록 제작되었다.

앨빈은 1966년 3월 17일 스페인 인근 지중해에 사고로

심해유인잠수정 앨빈

빠진 수소폭탄을 찾는 데 투입되었고, 수심 910미터에서 발견된 수소폭탄을 안전하게 회수했다. 1967년에는 플로리다 동해안에서 잠수하던 중 청새치의 뾰족한 주둥이가 앨빈 선체에 낀 사고가 있었다. 다행히 앨빈은 무사했고, 청새치는 그날 저녁 음식재료로 사용되었다고 한다. 1968년 10월 16일에는 쇠줄이 끊어지면서 수심 1,500미터 바닥에 가라앉는 사고를 당했다. 배에서 앨빈을 내리던 쇠줄이 끊어져 발생한 사고였다. 당시 앨빈에는 3명이 타고 있었지만 모두 무사히 탈출했다. 차가운 바다 속에 가라앉은 앨빈은 이듬해 큰 피해 없이 회수되었고, 이때 잠수정 안의 샌드위치가 상하지 않고 보존되어 화제가 되기도 했다.

1973년에는 철제 조종실을 티타늄 합금으로 교체하고 부력재를 보강하여 수심 4,500미터까지 잠수가 가능하게 되었다. 이와 더불어 첨단 장비를 장착한 앨빈은 심해생물 연구에 커다란 업적을 남겼다. 1977년 앨빈을 타고 화산활동이 활발한 갈라파고스 인근 해저산맥을 조사하던 과학자들은 섭씨 350도가 넘는 뜨거운 물이 솟아오르는 구멍, 다시 말해 열수분출공을 발견했다. 주변에는 길이가 3미터나 되는 관벌레tube worm를 비롯하여 심해대합, 게와 새우 등이 밀집해 살고 있었다. 먹이가 부족한 심해에는 생물이 많지 않을 것이란 생각이 지배적이었던 당시에 이러한 발견은 커다란 의문을 불러일으켰다. 그 후 계속된 조사로 열수분출공 주변에 어떻게 많은 생물들이 살 수 있는지에 대한 수수께끼가 풀렸다. 빛이 없는 심해에서 식물 대신 미생물이 열수분출공에서 나오는 황화수소(H_2S)를 이용해 유기물을 합성했던 것이다.

1835년 찰스 다윈의 탐사를 통해 진화론의 산실로 주목받은 갈라파고스는 약 140년 뒤에 열수분출공 생태계가 발견되면서 다시 한 번 생물학사에 큰 획을 그었다. 열수분출공 주변 환경은 초기 지구 환경과 비슷하여 생명의 기원을 풀 수 있는 열쇠를 간직하고 있는 곳으로 평가됨으로써 많은 과학자들이 열수분출공 주변의 환경과 생태계에 관심을 갖게 되었다.

1986년 앨빈은 원격조종무인잠수정인 제이슨 주니어 Jason Jr.와 함께 1912년 북대서양에서 침몰된 호화 여객선 타이타닉 호를 찾는 쾌거를 올렸다. 2004년에 이르러 잠수 횟수 4,000회를 돌파하는 기록을 세우기도 했다. 2007년 1월 26일에는 심해에서 심해생물을 탐사하던 우즈홀해양연구소의 생물학자 팀 생크 Tim Shank가 우주정거장에 있는 미항공우주국 NASA의 우주인 수니타 윌리엄스 Sunita Williams와 교신에 성공했다. 심해와 우주를 연결하는 역사적인 순간이었다. 2008년에는 총잠수

우즈홀해양연구소의 팀 생크 박사

횟수 4,637회, 탑승 총인원수는 9,270명에 이르렀다. 앨빈이 임무를 맡은 지 50년 만인 2014년 2월, 미국 루이지애나 주 뉴올리언스에서 열린 수중과학기술학회에서 50주년 기념행사가 열리기도 했다. 현재까지 앨빈 잠수를 통해 약 2,000편의 논문이 발표되었다. 이처럼 앨빈은 과학탐사를 하는 심해유인잠수정의 맏형 역할을 톡톡히 해내었다.

앨빈은 과학자 2명과 조종사 1명이 탑승하여 10시간 동안 탐사할 수 있으며, 현재 모선은 아틀란티스 Atlantis이다. 앨빈은 길이 7.1미터, 높이 3.6미터, 폭 2.6미터이며, 공기 중에서의 무게는 16.9톤이다. 보통 1노트(한 시간에 1,852미터를 달리는 속도로, 단위는 kt) 속도로 운항하지만 최

❶ 앨빈의 모선 아틀란티스 　❷ 아틀란티스의 심해유인잠수정 진수인양장치

대 2노트까지 올릴 수 있다. 앨빈에는 비디오카메라 4대와 유압으로 작동되는 로봇 팔 2개가 달려 있으며, 잠수정 앞쪽에는 생물이나 퇴적물, 해수를 채집할 수 있는 기기와 각종 측정기기 등을 담는 바구니가 있다. 앨빈은 만들어진 지 50년이 흐르는 동안 많은 부분이 새로 바뀌었으며, 현재 6,500미터까지 잠수할 수 있는 새로운 앨빈으로 탈바꿈했다. 조종실이 조금 넓어지고 현창(잠수정 밖을 내다볼 수 있는 창)이 3개에서 5개로 늘어났으며, 새로운 조명시설과 고화질 카메라가 장착되었다.

미국이 보유한 심해유인잠수정은 앨빈 외에도 플로리다에 있는 하버브랜치해양연구소[HBOI]의 존슨 시링크[Johnson Sea-Link] I과 II, 그리고 클레리아[Clelia], 하와이대학 해양연구소 HURL의 파이시스[Pisces] IV와 V, 딥워커[Deep Worker] 등이 있다.

존슨 시링크 I은 1971년, 존슨 시링크 II는 1975년에 만들어졌다. 길이 7.2미터, 높이 3.3미터, 폭 2.5미터이다. 약 4시간 동안 수심 900미터까지 잠수할 수 있으며, 최대 1노트로 움직일 수 있다. 탑승 공간이 두 개로 분리되어 있어 각각 2명씩, 4명까지 탑승할 수 있다. 클레리아는 1976

년에 만들어졌으며 1992년에 개조되었다. 길이 7.0미터, 폭 2.4미터, 높이 2.7미터이다. 3명이 타고 4~5시간 동안 수심 300미터까지 잠수할 수 있으며, 최대 3노트로 움직일 수 있다. 파이시스 IV와 V는 수심 2,000미터까지 잠수할 수 있는 3인승 잠수정으로 파이시스 IV는 1971년, 파이시스 V는 1973년 캐나다에서 만들었다. 공기 중에서의 무게는 13톤, 길이 6.1미터, 폭 3.2미터, 높이 3.4미터이다. 잠수시간은 6~10시간이며, 2노트로 움직일 수 있다.

딥워커는 수심 600미터까지 잠수할 수 있는 1인승 잠수정이다. 대부분 심해유인잠수정은 크고 무겁지만 딥워커는 공기 중에서의 무게가 1.3톤으로 가볍고, 길이 2.4미터, 폭 1.6미터, 높이 1.3미터로 소형이다. 조종하기 쉬운 장점이 있지만, 1인승이기 때문에 한 사람이 조종사, 부조종사, 과학자의 역할을 모두 해야 하는 부담감이 있다. 페달로 조종하기 때문에 조종사는 손으로 카메라와 로봇 팔을 작동할 수 있다. 오른발로는 잠수정을 앞뒤로, 왼발로는 위아래로 조종한다. 아크릴로 만든 반구형 현창은 시야가 넓어 조종사가 250~270도를 둘러볼 수 있어 수중탐사에 편리하다. 물속에서 최대 4노트로 움직일 수 있다.

프랑스의 심해유인잠수정

프랑스 국립해양개발연구소[IFREMER]가 보유한 심해유
인잠수정의 이름은 노틸[Nautile]이다. 프랑스 소설가 쥘 베른
[Jules Verne]의 과학소설『해저 2만리』에 나오는 잠수정의 이름
노틸러스(노틸)에서 따왔다. 노틸은 프랑스어로 '앵무조개'
란 뜻이다. 앵무조개는 바다에 사는 연체동물 가운데 오징
어나 문어처럼 두족류이며, 그리스어 어원을 살펴보면 '항
해자'라는 뜻이다. 잠수함의 부력 원리는, 껍데기가 격벽으
로 나뉘어 있어 그곳에 기체를 채워 부력을 조절하는 앵무
조개에서 착안했다. 그래서인지 유난히 잠수함이나 잠수정
이름에 노틸이 많이 사용되었다. 미국 해군 최초의 핵잠수
함과 제2차 세계대전에 사용되었던 잠수함 이름도 노틸러
스이다.

프랑스의 심해유인잠수정 노틸은 조종사, 부조종사,
과학자 3인이 탑승하고 수심 6,000미터까지 잠수할 수 있
다. 길이 8.0미터, 폭 2.7미터, 높이 3.8미터이며, 공기 중
에서의 무게는 19.5톤이다. 조종실은 티타늄 합금으로 만
들어졌으며, 내부 지름이 2.1미터인 구형이다. 1978년 제
작을 결정하고 1982년부터 만들기 시작해 1984년에 완성

심해유인잠수정 노틸

되었다. 노틸은 제작된 이후 현재까지 네 차례에 걸쳐 정밀
진단과 성능 개선 작업이 이루어졌다.

노틸은 10시간 동안 잠수할 수 있으며, 해저에서 5시
간 동안 탐사 활동을 할 수 있다. 잠수정은 꼬리부분에 달
려 있는 추진 프로펠러를 이용해 약 1.7노트(시속 약 3.1km)
의 속도로 움직이며, 상하·전후로 움직일 수 있는 보조 추
진 장치도 있다. 잠수정의 전원은 납축전지(묽은 황산 용액
에다 양극에 이산화납, 음극에 납을 넣은 축전지) 240볼트와 28
볼트 두 종류의 전압을 사용한다. 잠수정에는 650와트 조

명등 2개와 400와트 조명등 5개가 달려 있어 암흑의 세계인 심해를 대낮처럼 밝힐 수 있다. 또한 동영상 촬영을 위한 컬러 비디오카메라 2대와 사진 촬영을 위한 플래시가 달린 카메라 2대가 장착되어 있어 심해의 신비로운 모습을 담은 영상자료를 얻을 수 있다. 이밖에도 바닥에서부터 잠수정의 높이를 측정하는 고도계와 수중에서 물체를 찾는 음파탐지기가 달려 있으며, 잠수와 항해 기록은 자동으로 컴퓨터에 저장된다.

조종실 내부의 좁은 공간에는 컴퓨터, 각종 전자장비와 계기판, 모선과 교신하는 통신장비, 동영상을 DVD에 녹화하는 장비로 빼곡하고, 앞쪽으로는 밖을 내다볼 수 있도록 투명 아크릴로 된 지름 12센티미터의 둥근 현창이 3개 있다. 그리고 뒤쪽에는 비상시 잠수정 탑승자가 최대 5일 동안 생존할 수 있는 산소를 공급하고 이산화탄소를 제거하는 생명유지 장치가 자리 잡고 있다. 물과 비상식량도 아울러 갖추고 있다. 잠수정의 앞부분에 달린 2개의 로봇팔로 수중장비를 조작하여 퇴적물과 생물을 채집하고, 채집한 샘플은 잠수정 앞쪽에 자동으로 여닫을 수 있는 채집통에 보관한다.

모선 아탈랑트

　　잠수정 노틸을 운반하는 모선은 초창기에는 1974년에
만든 1,142톤의 나디르^{Nadir}였지만 이후에는 1989년에 만들
어 1990년에 완성된 3,559톤급 연구선 아탈랑트^{L'Atalante}가
그 역할을 맡았으며, 2005년에 푸르쿠아파^{Pourquoi Pas?}가 만
들어져 이후 아탈랑트와 더불어 모선으로 활동하고 있다.
노틸의 운영과 관리는 조종사, 부조종사, 전자기술자, 기
계기술자 각 2명씩 모두 8명의 요원들이 맡고 있다.

　　프랑스 심해유인잠수정 노틸은 필자와도 인연이 깊다.
지난 2004년 노틸에 탑승하여 북동태평양 수심 5,000미터

가 넘는 바닥까지 내려가 탐사했기 때문이다. 당시 로봇 팔로 심해저의 생물·퇴적물·해수·망간단괴를 채집하고, 심해의 지형과 저층 해류 등을 조사했다. 노틸의 모선 아탈랑트를 타고 5월 18일 멕시코의 만자니오 항구를 출발해 6월 28일 뉴칼레도니아의 누메아 항구에 도착할 때까지 6주간의 탐사 활동은 『바다에 오르다』(지성사, 2005년)에 상세하게 기록되어 있다.

노틸은 그동안 1,800회가 넘는 잠수를 했다. 대부분 과학탐사였지만 해저통신케이블 점검, 수중구조물 설치, 타이타닉 호와 같은 침몰선 수색, TV 다큐멘터리와 영화 촬영 등 다양한 임무를 해냈다. 1987년 7월 22일부터 9월 11일까지 32회를 잠수하면서 북대서양에서 빙산과 충돌하여 침몰한 타이타닉 호의 모습을 처음으로 촬영했으며, 1,500점이 넘는 파편과 유품을 회수했다. 1998년에는 러시아 심해유인잠수정 미르와 함께 22톤 무게의 타이타닉 호 선체 일부를 회수하는 작업에 참여했다. 2002년 12월에는 스페인에서 250킬로미터 떨어진 해상에서 침몰한 14,000톤급 유조선 프레스티지 호의 사진을 찍고 주변에 유출된 기름과 퇴적물을 채집했다. 그리고 2009년 6월에는 대서양에 추락한 프랑스 여객기의 블랙박스를 찾는 데 활용되기도 했다.

프랑스 국립해양개발연구소는 노틸 이외에 시아나 Cyana도 운영했다. 3,000미터급 유인잠수정 시아나는 1969년 제작되었으며, 길이 5.7미터, 폭 3.2미터, 높이 2.7미터이며, 공기 중에서의 무게는 9.3톤이다. 지름 1.94미터의 조종실에는 3명이 탑승할 수 있으며, 해저에서 6~10시간 동안 탐사할 수 있다. 시아나는 1974년 미국의 앨빈과 프랑스의 아르키메데스와 함께 해저지각 확장에 관한 연구 프로젝트FAMOUS 등에 활용되었다. 30여 년 동안 1,300회 넘게 잠수를 하다가 2003년 임무를 마쳤다.

러시아의 심해유인잠수정

러시아 과학아카데미 소속 시르쇼프 해양연구소Shirshov Institute of Oceanology는 심해유인잠수정 미르 1,2호를 보유하고 있다. 미르는 러시아어로 '평화'라는 뜻이며, 러시아 우주정거장 이름도 미르이다. 다른 나라의 심해유인잠수정과 달리 잠수정 2정을 동시에 운영할 수 있어 하나가 심해 탐사 중 비상사태에 놓이더라도 적절하게 대처할 수 있다.

심해유인잠수정 미르

또한 잠수정의 심해탐사 모습을 서로 촬영할 수 있고, 작업 효율을 높이는 장점도 있다.

미르는 1987년 미·소 냉전시대에 구소련과학아카데미에서 개발하고, 핀란드에서 제작한 뒤 구소련에 인도되어 현장 탐사를 시작했다. 길이 7.8미터, 폭 3.6미터, 높이 3.0미터이며 공기 중에서의 무게는 18.6톤이다. 3명이 탑승하여 수심 6,000미터까지 탐사할 수 있다. 미르 1호의 경우 수심 6,170미터까지 잠수했고, 미르 2호의 경우 수심 6,120미터까지 내려갔다. 최대 속도는 5노트(시속 약 9km)이다.

1994년 대대적인 성능 개선 작업을 했다.

대부분 심해유인잠수정 조종실은 티타늄 합금으로 만들지만 미르 경우에는 코발트·니켈·크롬·티타늄 등을 섞은 철 합금으로 만들어졌다. 이 재질은 티타늄 합금보다 10퍼센트 정도 압력에 대한 내구성이 높다. 공 모양의 조종실은 반구 2개를 제작하여 용접하지 않고 볼트를 이용해 밀착시켜 만들었다. 조종실 벽의 두께는 5센티미터이며, 조종실 내부 지름은 2.1미터이다. 밖을 내다볼 수 있는 3개의 현창은 두께 18센티미터의 투명 아크릴로 되어 있다. 앞쪽을 볼 수 있는 현창은 지름이 20센티미터이고, 옆쪽을 볼 수 있는 현창은 지름이 12센티미터이다. 동력은 100킬로와트시^{kWh} 니켈카드뮴 배터리를 사용하며, 전기모터로 유압펌프를 작동하여 로봇 팔을 움직이거나 프로펠러를 움직인다. 배터리는 수중에서 17~20시간 동안 탐사하기에 충분하다. 압축공기를 사용하여 물을 밀어낼 수 있는 공 모양의 밸러스트탱크가 2개 있어 물속에서 부력과 자세를 자유롭게 제어할 수 있다. 미르에는 3명이 탑승했을 경우 약 3.5일 동안 버틸 수 있는 생명유지 장치가 있다.

모선은 길이 122미터에 6,250톤급인 켈디쉬^{Akademik}

Mstislav Keldysh로 미르 1호와 미르 2호를 동시에 운영한다. 배 이름은 러시아의 유명한 수학자 이름에서 따왔다. 1980년 12월 핀란드 라우마Rauma에 있는 홀밍Hollming 조선소에서 만들었으며, 이듬해 3월부터 운항을 시작했다. 이 조선소는 이후 우리나라 조선사 STX가 인수하여 STX핀란드가 되었다가 핀란드 정부 및 독일 조선사인 마이어 베어프트Meier werft 컨소시엄과 주식매매계약을 체결했다. 켈디쉬 호에는 승조원 45명, 잠수정 기술자 20여 명, 과학자 10여 명 등 총 90명이 승선할 수 있다.

미르는 과학탐사를 목적으로 만들어졌으나 영화 촬영을 비롯해 침몰된 잠수함 구조 등의 목적으로도 활용되었다. 제임스 카메론 감독이 1997년에 제작한 「타이타닉」과 2003년에 제작한 다큐멘터리 「심해의 유령Ghosts of the Abyss」, 그리고 제2차 세계대전 당시 수심 4,700미터에 가라앉은 독일 전함 비스마르크 호의 다큐멘터리를 제작하는 데 사용되기도 했다. 잠수정에는 5,000와트 조명등 6개가 달려 있어 캄캄한 심해에서 영화 촬영하기에 충분했다.

제임스 카메론 감독은 북대서양 수심 3,821미터에 가라앉은 타이타닉 호의 선체를 직접 영상에 담기 위해 미르

1,2호와 모선 켈디쉬 호를 임대했다. 영화 「타이타닉」 제작진은 잠수정 내부에 카메라를 장착하고 두꺼운 아크릴 현창을 통해 촬영했다. 그러나 이렇게 찍은 영상에는 한계가 있을 수밖에 없었다. 이를 보완하기 위해 타이타닉 내부로 들어가 촬영할 수 있는 카메라 시스템을 개발했다. 엄청난 수압에 견디면서도 자유자재로 돌아다니며 넓은 각도로 사진을 찍어야 한다고 생각했기 때문이다. 카메라를 티타늄 합금으로 된 케이스에 넣어 심해의 엄청난 수압을 견디도록 했으며, 원격조종이 가능한 무인잠수정을 제작해 마침내 원하는 장면을 촬영했다. 이렇게 촬영한 자료를 바탕으로 실제 크기와 비슷한 타이타닉 호의 세트장을 만들게 되었다. 우리가 영화를 보면서 감동을 느낀 것도 이와 같은 제작진의 열정과 과정이 있었기 때문이다.

러시아 심해유인잠수정 미르 1호는 2007년 8월 2일 북극점 인근 북극해 수심 4,261미터에 로봇 팔을 이용해 티타늄 합금으로 만든 높이 1미터의 러시아 국기를 꽂았다. 이 장면은 텔레비전으로 방영되어 세계인의 이목을 집중시켰다. 사람들은 1969년 미국 우주선 아폴로가 달에 착륙하여 우주인 닐 암스트롱이 인간으로서 첫발을 내딛는 것을 보았던 장면을 떠올렸을 것이다.

　블라디미르 푸틴 러시아 대통령은 2009년 8월 1일 총리 재임 당시 심해유인잠수정 미르 1호를 타고 러시아 시베리아 남쪽에 위치한 바이칼 호 수심 1,400미터 아래까지 내려갔다. 바이칼 호는 세계에서 가장 깊은 담수호수이다. 이날 탐험은 바이칼 호 바닥에 묻혀 있는 가스 하이드레이트Hydrate를 직접 확인하기 위함이었다. 가스 하이드레이트는 높은 압력과 낮은 온도에서 기체가 고체 상태로 존재하는 에너지로, 불을 붙이면 타는 성질이 있어 '불타는 얼음'이라고 부른다. 가스 하이드레이트는 새로운 화석연료로 주목 받고 있다.

일본의 심해유인잠수정

　일본 해양연구개발기구JAMSTEC(예전 명칭은 일본해양과학기술센터)는 현재 심해 유인잠수정으로 신카이Shinkai6500을 보유하고 있다. 신카이6500은 '심해 6500'이라는 뜻이며, 이름처럼 수심 6,500미터까지 잠수가 가능하다. 중국의 심해유인잠수정 자오룽이 개발되기 전에는 가장 깊은 곳까지 들어가 과학탐사를 할 수 있는 유인잠수정이었다.

심해유인잠수정 신카이6500

미쓰비시중공업에서 1987년 제작하기 시작해서 1990년 6월에 완성했다. 신카이6500은 길이 9.5미터, 폭 2.7미터, 높이 3.2미터이며, 공기 중에서의 무게는 26.7톤이다. 조종사 2명과 과학자 1명 등 모두 세 사람이 탈 수 있으며, 비상시 탑승 인원은 조종실 안에서 129시간까지 견딜 수 있다.

사람이 탈 수 있는 조종실 내부는 지름 2.0미터이며, 두께 7.35센티미터 티타늄 합금으로 만들어졌다. 부력재는 물보다 가볍고 동시에 높은 수압에도 견딜 수 있어야 하기에 지름 88~105마이크로미터(1㎛는 1,000분의 1㎜)인 유리구와 40~44마이크로미터인 유리구 두 종류를 고강도 에폭시 수지(강력 접착제의 일종)에 넣어 만들었다. 관절이 7개인 로봇 팔 2개는 생물이나 광물 등을 채집할 때 사용된다. 물속에서 무게가 약 100킬로그램인 물체까지 들어 올릴 수 있다. 현창은 3개 있으며, 하나는 앞쪽에 그리고 왼쪽과 오른쪽에 각각 1개가 있다. 재질은 투명한 아크릴 수지이며, 두께 7센티미터인 판 2개를 붙여 만든 현창의 총두께는 14센티미터이다. 배터리는 처음에는 아연-은 배터리를 사용했으나 2004년에 성능 개선을 하면서 리튬이온 배터리로 교체했다. 리튬이온 배터리는 기존에 사용하던 배터리보다 수명이 길고, 크기가 작아 관리가 편하다.

잠수정은 하강할 때 1분에 약 45미터 정도 내려가 최대 잠항심도인 6,500미터까지 내려가는 데 2시간 30분가량이 걸린다. 운영 시간은 상승과 하강 시간을 포함해 약 8시간이다. 따라서 수중에서 탐사할 수 있는 시간은 탐사 깊이에 따라 달라진다. 다시 말해, 수심이 얕은 곳에서는 그만큼 오르내리는 데 시간이 적게 걸려 탐사 시간이 늘어나는 것이다.

수중에서 최대 속도는 2.5노트이다. 잠수정에는 컬러

비디오카메라 2대, 디지털카메라 1대가 달려 있으며, 수온과 염분·수압을 측정할 수 있는 센서도 있다. 또한 2개의 로봇 팔로 수중작업을 할 수 있다. 심해는 햇빛이 미치지 못하는 암흑세계이다. 작업할 때 물이 맑을 경우 총 7개의 조명등으로 주변 10미터까지 밝힐 수 있다.

신카이6500은 2012년까지 약 1,300회의 잠수를 하면서 심해에서 해저지형과 지질, 심해생물에 관한 연구에 활용되었다. 모선으로는 4,500톤급 연구선 요코스카가 활약하고 있다. 요코스카 호는 길이 105.2미터, 폭 16.0미터이며, 순항속도는 16노트이다. 45명의 승조원과 15명의 과학자 등 총 60명이 배에 오를 수 있다. 2012년 3월 신카이6500은 대규모 개선 작업을 펼쳐 성능이 좋아졌다. 추진장치 스러스터thruster를 개선하여 더 빠르고 원활하게 회전할 수 있게 되었고, 유압펌프와 해수펌프도 새로운 것으로 교체했다.

신카이6500은 모선 요코스카 호에 실려 2012 여수세계박람회 기간 동안 전시되어 박람회장을 방문한 일반인들에게 선을 보였다. 당시 여수세계박람회를 찾은 관람객들은 깊은 바다 속을 누비며 탐사하는 유인잠수정을 보면서 『해저 2만리』의 주인공이 된 듯 상상 속 탐험의 세계를 경험했다.

모선 요코스카

신카이2000은 미쓰비시중공업 고베조선소에서 만들었으며, 모선은 나쓰시마 호이다. 이름에서 알 수 있듯이 심해 2,000미터까지 잠수가 가능하다. 신카이6500보다 9년 앞선 1978년에 만들기 시작하여 1981년 10월에 완성되었으며, 다음해 2월 일본 사가미만에서 성공적으로 첫 번째 잠수를 했다. 길이 9.3미터, 폭 3.0미터, 높이 2.9미터이며, 공기 중에서의 무게는 23.2톤이다. 조종실은 지름이 2.2미터로 3명이 탑승하고, 최대 3노트(시속 약 5.6km)로 움직일 수 있다. 정상적인 잠수시간은 6시간이며, 비상시 탑승 인원은 80시간까지 생존 가능하도록 했다. 잠수정에는 비디오카메라 2대, 카메라 1대가 달려 있으며, 염분·수온·수심을 잴 수 있는 센서도 있다. 한편 관절이 6개인 로봇 팔 1개가 달려 있어 심해에서 다양한 작업을 할 수 있다.

1983년 7월에 과학탐사를 처음 시작했으며, 일본 도야마만에서 수심 80미터까지 들어갔다. 1984년에는 이즈반도 인근 수심 1,270미터 해저에서 용암이 분출한 흔적을 발견했고, 이듬해에는 시코쿠 인근 해역에서 관벌레 군집을 발견했다. 1989년에는 오키나와 인근 해역 수심 1,340미터에서 열수분출공을 찾는 쾌거도 올렸다. 1991년 신카이6500이 등장하여 더 깊은 심해에서 탐사가 이루어지면서 활용도가 줄어들었다. 그러나 신카이2000은 일본 배타적 경제수역EEZ(자국 연안에서부터 200해리까지의 모든 자원에 대해 독점적 권리를 행사할 수 있는 유엔 국제해양법상의 수면 구역) 안에서 해저 열수광상(지구 내부에서 뜨거운 용암으로 데워진 열수가 지하 암석의 틈을 타고 위로 올라가는 동안 열수에 녹았던 금, 은, 구리, 납, 아연, 수은 따위의 광물이 열수분출공을 빠져나와 침전하여 만들어진다)을 찾아내고, 일본 사가미만 인근에서 화학합성을 하는 생물체를 찾아내는 등 일본 해양학 발전에 크게 공헌했다. 신카이2000은 1998년 1,000번째 잠항을 했으며, 2002년 11월 11일 마지막 잠항으로 총 1,411회의 탐사 활동을 한 뒤 2004년 3월 말에 임무를 끝냈다.

중국의 심해유인잠수정

중국의 심해유인잠수정 자오룽蛟龍이 서태평양 마리아나 해구 인근 해역에서 2012년 6월 15일 수심 6,671미터, 19일 6,965미터, 22일 6,963미터, 24일 7,020미터, 27일 7,062미터 잠수에 성공했다. 이제 중국은 세계 바다의 99.8퍼센트 심해저에서 탐사할 수 있는 능력을 확보했다. 이로써 자오룽은 그동안 가장 깊이 들어간 일본의 심해유인잠수정 신카이6500을 제치고 1위 자리를 차지했다. 신카이6500은 6,527미터까지 내려간 기록을 가지고 있었다. 자오룽은 3인승이며, 한번 잠수하면 약 12시간 동안 바다 속에 머물 수 있다. 길이 8미터, 폭 3미터, 높이 3.4미터이며, 겉모습은 고래를 닮았다. 조명장치, 카메라, 음파탐지기가 달려 있고, 조종실은 수압에 견딜 수 있도록 티타늄 합금으로 되어 있다. 모선은 샹양훙向陽紅이며, 자오룽은 중국 전설에 나오는 바다에 사는 용龍.Dragon이다.

자오룽은 2013년 7월 남중국해에서 탐사를 성공적으로 해냈다. 이어서 북동태평양 수심 약 5,000미터인 자국의 광구鑛區(광물자원 개발을 허가한 구역)를 탐사했다. 자오룽이 맡은 임무는 다양하다. 먼저 자국 광구 심해저의 환경을 조사하여 광물자원 개발을 위한 환경영향 평가를 함으로써 국제해저기구와의 탐사 계약을 실행한다. 한편으로는 심해저의 퇴적물을 조사하여 심해광물 집광기 설계를 위한 자료를 비롯해 해저지형도 작성을 위한 해저면 영상과 사진 등의 자료를 얻는다.

중국은 앞으로 자오룽을 심해저 광물자원 개발은 물론, 해양 에너지 개발과 해양환경 조사에도 활용할 계획을 세우고 있다. 중국이 심해유인잠수정을 이용해 남중국해에서 탐사하자 이에 자극 받은 인도는 심해유인잠수정을 개발하겠다는 계획을 발표했다. 인도는 중국과 남중국해 광물자원 개발을 놓고 서로 경쟁하고 있는 상태다.

중국은 심해유인잠수정 전문가 양성에도 주력하고 있다. 국가심해기지관리센터는 중국선박중공그룹에 딸린 702연구소와 중국과학원에 딸린 심양沈陽자동화연구소와

심해유인잠수정 자오룽

음향학연구소의 유인잠수정 연구 개발 전문가를 교수로 초빙하여 심해유인잠수정 보수와 유지에 필요한 기술자를 양성할 계획이다.

지난 2014년 3월 7일 중국선박중공그룹은 심해유인잠수정 자오룽과는 별도로 11,000미터급 심해유인잠수정과 천해(해안에서부터 수심 약 200미터까지의 얕은 바다를 가리킨다)에서 탐사하는 유인잠수정도 만들겠다고 발표했다. 또한 중국은 우주정거장처럼 심해정거장을 만들겠다는 야심

찬 계획을 가지고 있다. 이미 심해정거장을 개발하여 수조에서 시험을 마쳤고, 앞으로 심해정거장과 심해유인잠수정 자오룽을 연계하여 심해저 연구를 하겠다는 것이다. 해양과학자로서 부러운 일이 아닐 수 없다.

중국의 심해유인잠수정 개발 과정을 살펴보자. 2007년 2월 1일 중국은 세계 최초로 수심 7,000미터까지 잠수할 수 있는 심해유인잠수정 개발에 성공했고, 하반기에 시험 탐사를 한다고 발표했다. 심해 3,200미터에서 심해생물을 탐사하고 있는 미국 우즈홀해양연구소의 심해유인잠수정 앨빈에 탑승한 과학자가 지구 상공 400킬로미터의 국제우주정거장ISS, International Space Station에 있는 우주인과 대화를 나누었다는 기사가 1월 29일에 발표된 지 며칠 안 되어서였다. 우연인지는 몰라도, 미국의 발표에 중국이 맞대응한 셈이다. 자오룽은 2009년 8월에 처음 실시한 20여 차례의 시험 잠항에서 1,109미터까지 내려갔다. 이후 계속 최대 잠수 기록을 갈아치우면서 2011년 7월 21일에는 4,027미터, 26일에는 수심 5,038미터까지 내려가는 데 성공했다. 자신감을 얻은 중국은 2012년에는 7,000미터까지 잠수할 것이라고 밝혔으며, 결국 계획대로 성공했다.

2005년 자메이카 킹스턴에서 열린 국제해저기구ISA 연구 협의회에 참석했다가 중국 대표에게 중국이 세계에서 가장 바다 깊이 탐사할 수 있는 심해유인잠수정을 개발하고 있다는 이야기를 들었다. 필자는 그해 10월 26일자 〈사이언스 타임즈〉에 유인우주선 개발에 성공한 중국이 현재 세계에서 가장 깊이 들어갈 수 있는 수심 7,000미터급 유인잠수정을 개발하고 있는데 2007년경이면 완성될 것이라는 글을 실었다. 당시 자랑삼아 이야기하던 중국 대표의 말이 거짓말은 아니었다.

강대국들은 최첨단 과학기술 분야에서 자존심을 지키기 위해 소리 없는 전쟁을 치르고 있다. 우리나라는 해양과학기술이 앞선 일본, 러시아, 중국에 둘러싸여 있다. 세계 역사에서 알 수 있듯이 해양력을 가진 나라가 세계를 지배해 왔다. 우리나라의 주변 지리적·정치적 상황을 볼 때, 바다에서 힘을 기르지 않으면 우리의 미래는 불안할 수밖에 없다.

3부

∞

심해유인잠수정
탑승자들과의 대화

해저온천,
그 비밀의 세계로 들어가다

김경렬 교수
(광주과학기술원 기초과학부 | 서울대 지구환경과학부)

대담자 심해유인잠수정을 탄다는 것은 쉽지 않은 일이었을 것입니다. 지금보다 과거로 갈수록 그 기회는 아주 적었을 듯합니다. 탑승하신 잠수정의 이름, 소속과 기관, 모선에 대해 들려주세요.

김경렬 제가 미국 샌디에이고에 있는 캘리포니아대학교 UCSD 스크립스해양연구소에서 박사학위 과정을 공부하던 기간 중에 탑승한 잠수정은 앨빈이었습니다. 미국 해군 소속이며 관리는 우즈홀해양연구소에서 맡고 있습니다. 앨빈의 초창기 모선은 루루Lulu라는 소형 쌍동선catamaran(배 두 척의 갑판을 서로 연결한 선박. 두 배가 일정한 간격으로 나란히 있어 갑판의 폭을 선체의 길이에 비해 넓게 할 수 있다는 장점이 있

앨빈의 모선이었던 루루

앨빈의 모선 아틀란티스 II

다)이었습니다. 그 후 1980년대에 이르러 탐사 범위가 확대됨에 따라 앨빈은 대양을 가로지르는 등 장거리 항해를 해야 했습니다. 그래서 앨빈을 들어 올릴 수 있는 거대한 진수인양장치를 장착한 아틀란티스^{Atlantis} II라는 대형 탐사선을 만들어 모선으로 활용하기 시작했습니다.

대담자 탑승은 언제 하셨나요? 당시 탑승하신 장소와 최저 잠수심도는 어떠했습니까?

김경렬 1979년 봄 북위 21도 동태평양 해저산맥^{EPR, East Pacific Rise} 수심 2,600미터의 해저에서 섭씨 350도나 되는 뜨거운 온천수가 광물질로 이루어진 굴뚝^{chimney}을 통해 바다로 솟아나오는 것이 발견되어 과학자들을 놀라게 했습니다. 뜨거운 산성 온천수가 해저로 분출해 염기성의 찬 바닷물과 섞이면서 온천수 속에 녹아 있던 많은 금속들이 즉

시 검은 광물로 석출(뜨거운 액체가 냉각할 때 그 속에 녹아 있던 성분이 결정으로 나오는 현상)되므로 마치 굴뚝에서 연기가 나는 것처럼 보여서 이 해저온천에 블랙스모커 black smoker라는 별명이 붙게 되었지요. 제가 처음 연구에 참여한 것은 1979년 가을에 이 해역을 다시 방문한 탐사에서였습니다.

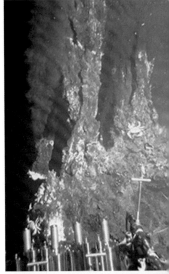

그러나 잠수정에 직접 탑승하여 해저온천 탐사에 참가한 것은 2년 뒤인 1981년으로, 화학자들이 중심이 되어 북위 21도 해역을 다시 방문했던 때였습니다. 그리고 1984년 4월 북위 13도 동태평양 해저산맥에서 실시한 해저온천 탐사에도 참여했습니다. 1984년 가을에

섭씨 350도의 고온 온천수와 검은 황화물을 뿜어내는 블랙스모커

귀국한 후에는 제가 해낸 연구 결과가 중요한 자료로 이용되면서 1987년 이 지역에서 잠수정에 탑승해 여러 차례 해

앨빈 탑승 모습　　　　1981년 11월 24일 잠수(dive#1160)
　　　　　　　　　　　　　　　　기록일지

저온천을 탐사했습니다. 이때 최저 잠수심도는 약 3,800미
터였고, 당시 앨빈의 최대 잠수심도는 4,000미터였습니다.

대담자　그 당시 탐사 목적과 직접 수행하신 일에 대해 알
고 싶습니다.

김경렬　처음 잠수에 참여했던 1981년 앨빈 탐사의 가장
중요한 목적은 블랙스모커에서 분출되는 섭씨 350도나 되
는 고온의 온천수를 직접 채취하여 온천수의 화학성분을
연구하기 위함이었습니다. 물론 뜨거운 온천수가 나오는
열수분출공 굴뚝 시료를 채취해서 그 연대나 화학성분을

조사하는 것도 중요한 목적의 하나였지요. 또한 아직 알려지지 않은 해저온천을 발견하는 것도 중요한 연구 과제였습니다. 저는 박사과정 연구로 해저산맥 주변 해수에 들어 있는 메탄의 농도를 측정하여 해저 열수분출공의 존재 유무를 조사하는 연구를 했습니다. 온천수는 주변 해수에 비해 아주 많은 메탄을 포함하고 있기 때문에 메탄 농도를 조사하면 쉽게 열수분출공을 찾을 수 있지요.

대담자 방금 말씀하신 해저온천 이야기는 매우 흥미롭네요. 관련 이야기를 좀 더 들려주시겠습니까?

김경렬 1800년대 중후반에 과학소설이라는 새로운 문학 장르를 개척한 쥘 베른은 잘 아실 것입니다. 쥘 베른은『달나라 탐험』과『해저 2만리』를 비롯해 여러 작품을 통해 자신의 꿈을 소개했지요. 이런 획기적인 생각은 1세기도 더 지난 20세기 후반에 이르러 구체적인 꿈으로 실현되었습니다. 여기서 질문 하나 해볼까요? 지구 반경의 60배인 38만 4,400킬로미터 떨어져 있는 달로 날아가 달 표면을 걷고 싶다는 꿈과 잠수정을 타고 깊은 바다를 마음껏 돌아다니며 해저의 신비를 즐기고 싶다는 꿈 중 어느 것이 먼저 실현되었을까요? 그 대답은 흥미롭습니다. 1970년대 후반에 이르러 2,600미터 정도밖에 되지 않는 바다 속의 감추어진 비밀을 발견하기에 앞서 우리 인류는 이미 멀리 떨어진 달의 표면에 첫발을 디뎠다는 것이지요.

'해저온천'도 전혀 상상하지 못했던 '바다의 신비' 가운데 하나입니다. 주변 바닷물의 온도가 섭씨 2도인 2,600미터 해저에서 분출되는 섭씨 350도의 온천수의 위력을 잘 보여 준 일화가 있습니다. 잠수정 앨빈에는 흥미로운 자료들을 채취해서 모아두는 시료 바구니가 앞에 달려 있는데, 당시는 플라스틱으로 만든 우유 바구니를 시료 바구니로 사용하고 있었습니다. 그런데 어느 날 앨빈이 온천에 너무 가까이 다가갔어요. 탐사를 마치고 올라온 앨빈의 시료 바구니 하나가 밑이 완전히 녹아 뚫려 있었습니다. 이 사실이 알려지면 앨빈의 안전문제로 번질까 걱정되어 녹은 바구니를 버리기로 했는데, 그 전에 사진을 찍어 놓았지요. 350도 온천수의 위력을 잘 보여 주는 사례였습니다. 100도만 되면 물

섭씨 350도 온천수에 녹아 버린
플라스틱 시료 바구니

이 끓는 지상에서와는 달리 수심 2,600미터에서는 압력이 260기압으로 높아 물의 끓는 온도 또한 높아져서 350도가 되어도 끓지 않는다는 것이지요.

대담자 최근 「그래비티Gravity」란 영화가 아카데미상을 수상했습니다. 산소가 없어 인간의 생존 자체가 불가능한 지구에서부터 600킬로미터 상공 우주에서 고장 난 허블 우주망원경을 수리하던 한 우주과학자가 폭파된 인공위성 파편에 부딪혀 홀로 남았다가 구사일생으로 지구로 돌아온다는 내용이지요. 그런데 영화 제목을 왜 우주가 아닌 지구의 '중력gravity'으로 했는지 궁금하지만, 실제로 사람들은 미지의 세계를 향한 꿈을 지구 바깥에서 구하려는 경향이 큽니다. 어떻습니까, 바다도 만만치 않을 것 같은데요?

김경렬 쥘 베른보다 훨씬 앞서 인류 최초로 과학소설을 쓴 작가가 있지요. 그리스의 루시안Lucian of Samosata입니다. 그가 2세기경에 썼다는 『참 역사True History』에서 달로의 여행을 기술한 부분이 있습니다. 그로부터 1,800여 년이 지난 1957년 10월 4일 구소련이 인공위성 스푸트니크 1호를 역사상 최초로 지구 궤도에 진입시킴으로써 우주시대를 열었고, 미국은 1969년 7월에 암스트롱이 달에 착륙하여 역사적인 첫발을 내디뎠습니다. 달에 지구인의 크고 작은 발자국을 남긴 거지요. 물론, 여기에는 과학적 목적 이외에 구소련보다 앞서 사람을 달에 보내겠다는 미국의 정치적 동기가 훨씬 크게 작용했습니다.

반면, 바다는 그때나 지금이나 미개척지입니다. 쥘 베른이 『해저 2만리』에서 기술한 네모 선장의 모험은 지금의 기술로 볼 때 그다지 신기하지 않습니다. 하지만 당시로선 도저히 상상할 수도 없는 신기술이었습니다. 특히 이런 신기술로 제작된 잠수함을 타고 바다 속을 누비고 다닌 네모 선장의 경험은 독자들에게 신비로운 미지 세계에 대한 동경을 불러일으켰던 것이 사실이지요. 하지만 이 소설이 나온 1869년에는 바다 속을 실제로 들어가는 것은 고사하고, 우리 곁의 바다가 얼마나 깊은지조차 제대로 알려지지 않았던 시절이었습니다.

수많은 탐험가와 연구자들의 노력 결과 바다 속 신비가 조금씩 밝혀지고 있긴 합니다만, 바다는 여전히 수많은 새로운 발견이 기대되는 미지의 영역입니다. 해저온천이 그 대표적인 증거입니다. 해저온천을 처음 발견한 것은 1977년으로, 동적도태평양 갈라파고스 섬 근처의 심해저였습니다. 이때 갈라파고스 해저온천에서 우리가 놀란 것은 섭씨 2도 정도의 심해에 축구장만 한 넓이의 온천지역에서 수면보다 온도가 높은 20도에서 30도에

열수분출공 주변의 생물상

이르는 온천수가 나오고 그 주변에 많은 생물이 모여 살고 있다는 점이었습니다. 여기에 '심해의 오아시스'라는 별명이 붙은 것은 매우 자연스러운 일이지요.

그런데 이 놀라운 발견은 인간이 달에 첫 발걸음을 뗀 1969년 이후 9년이나 지난 뒤의 일이었습니다. 이는 곧 바다를 탐험하고 그 속에 감춰진 비밀을 알아내는 것이 얼마나 어렵고 힘든 일인지를 단적으로 보여 주는 것이지요. 심해유인잠수정이 이런 발견에 큰 기여를 한 것은 말할 것도 없습니다.

대담자 잠수정에 탑승하셨던 시간은 몇 시간이었나요? 심해로 내려갔다가 올라오는 데 걸린 시간, 심해 도착 후 작업하신 시간은 각각 어느 정도였는지요? 처음 계획하신

작업 시간은 충분했습니까?

김경렬 앨빈의 경우 잠수할 때마다 통상적인 원칙이 있습니다. 잠수의 안전을 생각해서 해가 뜬 뒤에 잠수를 시작하고 해가 지기 전에는 반드시 모선으로 귀환해야 한다는 원칙이지요.

2,600미터 정도의 깊이까지 잠수하고 올라오는 과정에서 보통 각각 약 2시간이 걸리는데, 이 시간을 제외한 나머지 시간을 해저에서 뜨거운 온천수가 나오는 분출공 탐사에 활용했습니다.

대담자 그렇다면 잠수정의 실제 운영 과정은 어떤가요?

김경렬 그 과정은 이렇습니다. 잠수정에 탑승하기 전에 탑승할 세 사람, 즉 잠수정을 운전하는 조종사와 과학자 두 명의 몸무게를 재는 것으로 탑승 준비가 시작됩니다. 몸무게를 측정하는 이유는 잠수정에 부착할 추의 무게를 결정하기 위해서입니다. 잠수정은 부착한 추 무게 때문에 중력으로 가라앉는 것이지요.

일단 잠수정이 잠수를 시작하면 잠수를 마치고 다시 배에 돌아올 때까지 필요한 모든 일은 오로지 잠수정 안에서 해

결해야 합니다. 따라서 탑승일 아침에 식사를 간단하게 끝내고 나면 탑승자들은 각자 자신이 준비한 필기도구 이외에 배에서 탑승자들에게 지급하는 간단한 점심(땅콩버터와 잼을 바른 간단한 샌드위치와 사과, 음료 등), 잠수정에서 사용할 카메라, 그리고 생리적 문제를 해결하는 데 사용할 1리터 정도의 병 등을 지급받지요. 탑승원들이 이를 챙겨 잠수정 안으로 들어가면 잠수정의 문이 닫히는데, 이것으로 모선에서의 잠수 준비는 마무리됩니다.

이렇게 잠수 준비를 끝낸 잠수정은 바다로 이동하여 주변의 잠수부들이 안전 검사를 끝내기를 기다립니다. 사실, 이때가 잠수 시간 중 제일 불편한 시간이기도 합니다. 닫힌 공간 내부가 조금 덥기도 하고, 파도 때문에 멀미가 나기도 하지

앨빈이 잠수하기 전 안전 검사를 하는 잠수부

요. 잠수부들이 잠수에 이상이 없음을 최종 확인한 뒤 모선에서 잠수 허가가 나면 드디어 잠수가 시작됩니다. 잠수 후 수심이 서서히 깊어지면서부터는 잠수정의 흔들림도 사라지고, 주변 해수의 온도가 낮아지면서 잠수정 안의 온도도

서시히 내려가기 시작해 잠수정 내부는 점점 편한 분위기로 바뀝니다.

대담자 목표 심도까지 잠수했다가 복귀하는 과정의 변화가 궁금합니다.

김경렬 수심이 점점 깊어지면 주변 해수가 짙은 파란색으로 서서히 바뀌다가 마침내 캄캄한 무광대無光帶로 내려가게 됩니다. 이때 창밖에 빛을 내는 생물들이 나타나는데, 그 생물들의 현란한 모습에 감탄하지 않을 수 없습니다. 깊은 바다도 생명으로 가득 차 있는, 살아 있는 공간임을 느낄 수 있지요. 그러다가 1,000여 미터 이하로 내려가면 이제 주변은 완전한 암흑의 세계로 바뀌고, 그날의 탐사 계획을 생각하며 잠수정이 해저에 도달하기까지 각자의 시간을 가집니다. 그런 후 잠수정이 마침내 해저 가까이 도달하면 조종사는 조명을 켜고 탑승자들은 서서히 접근하는 해저의 모습을 봅니다. 잠수정이 해저에 도달하면 모선에서는 그날의 탐사 목표 지점과 잠수정의 위치를 확인해 잠수정에 이동할 곳을 알려주지요. 잠수정은 지시에 따라 자체 동력으로 목표 지점으로 이동하여 그날의 탐사작업을 시작합니다. 탐사가 끝나면 잠수정은 부착한 추를 분리하고, 이때 부력을 받아 서서히 표면으로 올라오게 되지요.

대담자 탑승 경험 가운데 혹시 오래 남아 있는 기억이 있나요?

김경렬 1981년 당시는 해저온천이 매우 놀라운 현상이었고, 앨빈 탐사가 이루어진 초창기여서 많은 과학자들이 잠수를 희망하던 때였습니다. 그런데 당시 학위 과정 학생이었던 제가 잠수할 수 있었던 것은 정말로 행운이었습니다. 해저에 천천히 접근하면서 조종사가 잠수정의 조명을 켜자 해저산맥의 모습이 서서히 눈에 들어왔습니다. 이전엔 어느 누구도 볼 수 없었던 바다 밑 2,600미터 미지의 세계를 제가 처음으로 보고 있다는 것을 깨닫는 순간, 그때 느꼈던 경외감과 감사는 내 평생 잊을 수 없을 겁니다. 특히 그 탐사에서 아직 알려지지 않았던 새로운 해저온천이 발견되어 기쁨이 더욱 컸지요. 당시 제가 탑승하여 앨빈 탐사에서 발견했던 해저온천에는 행잉가든^{Hanging Garden}이란 이름이 붙여졌습니다.

이에 덧붙여 재미있는 일화를 하나 더 소개하지요. 해저온

천 주위에 사는 다양한 생물들은 무엇을 먹을까부터 시작
해 수많은 흥미로운 의문을 가졌지요. 그 가운데 하나가 해
저온천 주위를 헤엄쳐 다니는 물고기였습니다. 벤트피시
vent fish라는 물고기를 사로잡으려고 생물학자들이 온갖 방
법을 시도해 보았으나 실패했습니다. 그런데 해저온천 주
위에 머물면서 온천수 채취 작업을 하던 앨빈에 물고기 한

크레이그 교수

마리가 우연히 갇혀 함께 올라왔습
니다. 이 물고기는 그날 밤 잠수정
을 청소하며 새로운 잠수를 준비하
던 사람들에게 발견되었지요. 물론
이 물고기는 생물학자들의 연구 대
상이 되었습니다. 그러나 그 전에
탐사 책임자이자 제 지도교수였던
크레이그Craig 교수님이 이 물고기
를 먹는 척하는 장면은 탐사의 또
다른 재미를 보여 주었습니다.

벤트피시

대담자   심해유인잠수정 탐사할
때 특히 조심해야 하거나 강조하실

점이 있습니까?

김경렬　특별히 생각나는 게 하나 있습니다. 유인잠수정 탐사는 과학자가 현장에 내려가 직접 보면서 과학탐사를 할 수 있다는 점에서 매우 중요하지요. 그런데 이와 더불어 반드시 짚고 넘어가야 할 점이 있습니다. 잠수정 탐사는 시간이나 공간적으로 많은 제한이 있습니다. 그래서 잠수정 탐사 이전에 다른 방법으로 사전 조사를 철저히 하고, 탐사 목표를 분명히 정한 뒤 유인잠수정을 이용해 마무리해야 하지요. 탐사 지역에 대한 정밀 지도를 만들고, 그 지도상에서 잠수정의 위치를 실시간으로 확인하는 모선과 잠수정 간의 긴밀한 협조가 있어야 효과적인 과학탐사를 할 수 있습니다.

1984년 북위 13도 북태평양 해저산맥에서 해저온천을 찾는 탐사를 할 때, 우리 연구팀은 바로 앞서 이곳의 지형조사를 한 프랑스 과학자들에게서 해저지형도를 제공받아 새로운 해저온천 탐사를 위해 10여 차례 잠수를 했지요. 하지만 큰 성공을 거두지 못했습니다. 나중에 확인한 사실이지만, 당시 제공받은 해저지형도에 축척 오차가 있었는데, 우리 팀은 잘못된 지도를 그대로 믿고 사용한 것입니다. 이것이 우리가 탐사에 실패한 중요한 원인이었습니다. 잠수정을 이용한 해저탐사가 성공하려면 많은 과학자들이 서로 협력해야 한다는 것을 잘 보여 주는 사례이지요.

대담자 유경험자로서 느끼는 심해유인잠수정 개발의 필요성은 무엇일까요?

김경렬 심해유인잠수정 개발이 왜 필요한지, 개발해서 무엇을 하고 싶은지 등 개발 목적에 대해 보다 깊은 성찰이 있어야 합니다. 제가 탑승했던 잠수정은 애초 미국 해군이 군사 목적으로 개발한 것입니다. 그렇지만 1960년대 후반에 이르러 판구조론(지구 표면이 여러 개의 판으로 나뉘어 이동한다는 설)을 과학자들이 받아들이기 시작하면서 해저산맥이란 지구 내부에서 뜨거운 용암이 올라와 식으면서 새로운 해양지각이 만들어진 곳으로 이해하게 되었습니다. 현장에서 직접 확인하고 싶었던 과학자들의 바람이 비로소 심해유인잠수정을 통해 결실을 맺은 것이지요. 심해유인잠수정을 타

해저산맥에서 발견되는 베개 모양의 현무암

고 해저산맥에 내려간 과학자들은 베개 모양의 현무암 덩어리가 만들어지는 현장을 직접 확인할 수 있었습니다. 앨빈에서 카메라로 찍은 현무암 사진을 보면 작은 돌기 표면에서 빛이 반사되는 모습이 보이는데, 이는 암석이 얼마나 최근에 만들어진 것인지를 잘 보여 주고 있지요.

탐사 과정에서 전혀 예상하지 못했던 생명 현상과 광물 형성과정이 일어나고 있는 해저온천이 발견되면서 잠수정 활용의 중요성은 훨씬 더 커졌어요. 갈라파고스 해저온천 주변에 밀집해서 살고 있는 관벌레, 조개, 게와 같은 생물은 과학자들에게 풀어야 할 흥미로운 문제를 던져 주었습니다. 바로 먹이가 거의 없는 심해에서 어떻게 많은 생물들이 살 수 있는가 하는 점이었습니다. 이에 대해 과학자들 사이에서 많은 논쟁이 벌어졌지요. 육지 생물은 식물이 태양에너지를 이용하여 포도당을 만드는 광합성으로 살아갑니다. 그러나 햇빛이 들지 않는 심해 오아시스에 사는 생물의 먹이는 다르

관벌레

다는 것을 과학자들이 알게 되었습니다. 온천수에 포함된 황화물이 산화되면서 나오는 화학에너지를 이용하여 화학합성을 하는 박테리아가 먹이사슬의 기초를 이루고 있었던 것이지요. 심해유인잠수정이 없었다면 쉽게 답을 얻지 못했을 어려운 질문이었지요. 우리나라 해양학자들도 심해유인잠수정을 활용할 수 있는 날이 오면 지금까지 할 수 없었던 과학적 연구 가운데 어떤 과학적 연구를 해야 할지 고민해 보아야 합니다.

대담자   해양과학자로서 미래세대에게 충고나 조언을 하신다면?

김경렬   바다는 지금도 많은 신비를 갖고 있는 미지의 세계이며, 또한 꿈을 가진 많은 후속세대가 열정적으로 꿈을 이루어 갈 수 있는 미래의 세계라는 점을 거듭 강조하고 싶습니다.

대담자   긴 시간 뜻 깊은 말씀 들려주셔서 감사합니다.

김경렬 교수

서울대학교 화학과 졸업, 동 대학원 이학석사
육군사관학교 교수부 교관 역임
미국 캘리포니아대학교 샌디에이고 이학박사(해양학)
스크립스해양연구소 방문연구원 역임
서울대학교 자연과학대학 해양학과/지구환경과학부 교수 역임
서울대학교 자연과학대학 해양연구소장 역임
현재 광주과학기술원 석좌교수/서울대학교 명예교수

심해 5,044미터 탐사의 축복

김웅서 박사

(한국해양과학기술원 심해저자원연구부)

대담자 어느 나라 잠수정에 탑승하셨나요? 그 잠수정의 소속과 기관, 그리고 모선 등에 대해 말씀해 주십시오.

김웅서 프랑스 심해유인잠수정 노틸Nautile에 탑승했습니다. 노틸은 1984년에 만들어졌으며, 프랑스 국립해양개발연구소가 보유하고 있습니다. 조종사와 부조종사, 과학자 1인 등 세 명이 탑승해서 심해 6,000미터까지 탐사를 할 수 있도록 설계된 잠수정이지요. 이 잠수정에는 2개의 로봇팔이 달려 있어서 심해에서 각종 실험을 하고 샘플을 채취할 수 있으며, 비디오카메라와 디지털카메라도 달려 있어 갖가지 영상자료도 얻을 수 있습니다. 특히, 노틸은 우리가 잘 아는 타이타닉 호를 찾는 데 이용된 잠수정입니다. 노틸

심해유인잠수정 노틸

의 모선은 아탈랑트 L'Atalante(3,560톤) 호로 1990년에 진수되었습니다. 길이는 85미터입니다. 지금은 2005년에 만든 푸르쿠아파Pourquoi Pas?(6,600톤, 길이 107미터) 호도 모선으로 활동하고 있습니다.

모선 아탈랑트

대담자 탐사 목적은 무엇이며, 구체적으로 어떤 일을 하셨습니까?

김웅서 앞으로 인간이 심해저에 존재하는 광물자원을 상업적으로 채광하려 할 때 필연적으로 발생하게 되는 심해 환경 파괴를 최소화하기 위해 채광 예정지역에서 모의 환경충격실험을 하고, 심해 환경 및 생물에 대한 과학적인 자료를 얻는 것이 탐사의 주된 목적이었습니다. 우리는 심해 환경에 대해 잘 모릅니다. 그렇기 때문에 앞으로 채광에 따른 환경이 파괴될 때 심해 생태계가 어떻게 변할지, 또 지

심해저에서 미생물 채집

구 전체가 어떤 영향을 받게 될지 예측할 수 없습니다. 압력이 수백 기압이나 되고, 수온이 섭씨 1.4도 정도로 아주 낮은 암흑세계인 심해는 영겁의 세월 동안 거의 환경 변화가 없었던 생태계입니다. 더욱이 인간의 활동으로 훼손되지 않은 곳이기에 생태계는 아주 작은 변화에도 민감하게 반응할 수 있지요. 탐사 중에 심해저의 퇴적물을 채집했고, 심해생물을 관찰했으며, 생물 활동이 활발한 곳에서 미생물을 채집했습니다.

대담자 탐사 기간은 예상대로 충분했나요?

김웅서 빠듯했지만 그렇다고 모자라지도 않았습니다. 탐

노틸 호의 14번째 잠수

사를 시샘하는 것은 무엇보다 해상 상태입니다. 저는 탐사 계획에 따라 프랑스의 국립해양개발연구소의 연구선 아탈랑트 호를 탔습니다. 태평양을 가로지르는 항해였지요. 2004년 5월 18일 멕시코의 만자니오 항을 출발하여 6주간의 탐사를 무사히 마치고, 6월 28일 뉴칼레도니아의 누메아 항에 도착한 장기간의 항해였습니다. 하지만 매 순간순간 긴장과 즐거움이 반복된 나날이기도 했습니다.

제가 조사한 탐사 해역은 두 곳입니다. 첫 번째 탐사 해역은 북위 14도, 서경 130도 부근의 프랑스 서쪽 광구로, 이곳에서 12일 동안 잠수정 노틸과 기타 장비를 이용하여 탐사했습니다. 그 후 북위 9도, 서경 150도 부근의 동쪽 광구로 이동하여 5일 동안 탐사했습니다. 이곳이 두 번째 탐사 해역이었지요. 탐사 기간 중 노틸 호는 15번의 잠수를 계획했으나 날씨가 좋지 않아 하루 분량을 하지 못해 결국 14번 잠수했습니다. 바다는 언제나 우리의 예상에서 벗어나는 곳입니다. 그렇기 때문에 바다에서 15번의 계획 중 14번

잠수를 했다는 것은 애초 계획의 100퍼센트를 달성한 것이나 다름없어요. 잠수정에 탑승했던 시간은 약 9시간이었습니다. 시간이 더 길었으면 신기한 심해생물을 더 많이 찾을 수 있었을 텐데 하는 아쉬움이 컸습니다.

대담자 잠수정에 실제 탑승 이후의 과정은 어떠했나요?

김웅서 한마디로 별천지였습니다. 앞으로 우리의 심해유인잠수정을 개발하면 더 많은 우리나라 사람들이 심해의 비경을 볼 기회가 있을 겁니다. 영화 「타이타닉」을 만든 제임스 카메론 감독만 이런 혜택을 누리라는 법은 없지 않습니까? 이런 갖가지 흥미로운 계획들과 관련하여 제 가슴 속에 품고 있는 이야기를 다 하자면 아마도 지면이 모자랄 거예요. 제 경우를 간단히 말씀드리겠습니다. 잠수정을 타고 수심 200미터쯤 내려가자 바다 속이 점점 암흑의 세계로 바뀌었습니다. 햇빛이 점점 물에 흡수되기 때문이지요. 잠수정 노틸은 1~2초에 1미터씩 내려가서 2시간 남짓 걸려 태평양의 수심 5,000미터가 넘는 곳에 이르렀습니다. 잠시 후 조명등을 켜는 순간 창밖으로 짙은 코발트색 바닷물과 바닥의 누런 퇴적물이 어우러진 청자 빛의 태평양 바

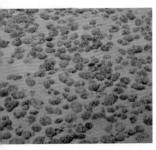

태평양 심해저평원

닥이 보였습니다. 우리 조상님들이 만든 청자의 바로 그 빛깔이었습니다. 황홀한 광경이었고, 혼자 보기에는 너무나도 아까웠습니다. 저는 탐사 목적에 따라 로봇 팔을 사용해 퇴적물과 미생물·망간단괴·해수 샘플을 채취했고, 심해생물 사진도 찍고 채집했습니다. 아침 9시경에 잠수정을 타서 같은 날 저녁 6시경에 잠수정 밖으로 나왔으니, 대략 9시간 동안 심해 여행을 한 셈이지요. 당시 잠수한 최대 수심은 5,044미터였습니다. 내려갔다가 수면으로 올라오는 시간을 제외하고, 심해 5,000미터 넘는 곳에 머물렀던 시간은 11시경부터 4시경까지 총 5시간이었습니다. 저는 우리나라 해양과학자 중 가장 깊은 바다 속을 직접 다녀올 수 있는 기회를 누렸습니다. 탐사 과정을 다 이야기하자면 밤을 새워야 할 겁니다. 그때의 자세한 탐사 활동은 『바다에 오르다』라는 책에 기록해 두어서 자세한 이야기는 줄이도록 하겠습니다.

대담자 심해탐사에서 얻은 보물이 많을 텐데, 혹시 그 가운데 새롭게 발견한 것은 없었는지요?

눈 없는 물고기

김웅서 심해는 인간의 발길이 쉽게 미치지 못하는 곳이라 과학자들이 탐사할 때마다 새로운 생물을 발견하곤 합니다. 저는 이번 탐사에서 눈이 없는 물고기를 보았습니다. 아마 세상에 처음 소개하는 생물일 것입니다. 캄캄한 심해에 사는 물고기는 눈이 퇴화되었습니다. 빛이 없어 볼 필요가 없기 때문이지요. 그래도 눈이 있어야 할 곳에

고래 턱뼈

흔적이라도 있는데, 이번에 발견한 물고기는 아예 그 흔적도 없었습니다. 캄캄한 동굴에 사는 물고기 가운데 눈이 없는 것은 보았지만, 심해에서는 처음이었습니다. 그리고 수백만 년 전에 죽은 고래의 턱뼈도 2개 발견했습니다. 턱뼈에 붙어 있는 망간단괴로 추정하건대 200~300만 년은 족히 되었을 고래 턱뼈였습니다. 과학자들은 망간단괴가 자

라는 속도를 알고 있기 때문에 계산이 가능하지요. 보통 100만 년에 평균 6밀리미터 정도 자라거든요. 그밖에도 심해산호, 해삼, 거미불가사리, 불가사리, 해면, 새우, 물고기, 문어 등 수많은 심해생물들을 볼 수 있었고, 일부 채집도 했습니다. 물론 대부분은 이름을 새롭게 붙여야 할 생물들이었습니다. 심해에 사는 미생물도 채집했는데, 이 미생물은 프랑스 과학자가 실험실에서 배양하여 산업용으로 활용할 새로운 물질을 추출하는 데 사용할 목적이었습니다.

대담자 어떤 공포감 같은 것은 느끼지 않았습니까?

김웅서 바다로 나가는 사람들은 늘 삶과 죽음을 생각하지 않을 수 없습니다. 그래서 제가 잠수하기 직전, 함께 탑승한 사람들이 유서를 써 놓았느냐고 장난삼아 물었지요. 나름 도전 의식이 있어서 공포감은 별로 느끼지 않았지만, 사실 긴장감은 느꼈습니다. 무엇보다 심해 5,000미터라면 육지보다 500배나 되는 압력이 내리누르는 곳입니다. 비유한다면, 5,000미터가 넘는 심해는 국내선 항공기를 탔을 때 내려다보이는 육지만큼 아래에 있다고 생각하면 됩니다. 말로는 공포감을 느끼지 않았다고 했지만, 물 위로 다시 떠오른 뒤에야 깊은 안도의 한숨을 쉬고 보니, 저 역시 평범한 대자연의 일부였더군요. 심해는 이런 저를 포용했다가 다시 살려준 것이지요.

대담자 잠수정 탑승 전후 신체적 변화는 없었습니까?

김웅서 잠수정 내부의 기압은 아무리 깊이 들어가도 거의 일정합니다. 때문에 잠수할 때에는 별로 신체적 변화를 느끼지 않았습니다. 다만, 심해는 수온이 섭씨 1.4도로 낮아서 잠수정 내부가 냉장고 안처럼 춥고, 공간이 너무 비좁아서 두 번이나 다리에 쥐가 난 적 있었지요. 또한 잠수정 안에는 화장실이 없어 소변 보기가 불편해서 모두들 탑승 전날부터 물을 마시지 않습니다. 여기에 관한 일화가 얼마나 다양하고 많은지는 여러분이 상상하는 것만으로도 충분할 듯합니다. 그런데 가장 큰 신체적

잠수정에서의 식사

탐사를 마치고

변화는 잠수를 끝내고 모선으로 돌아와 해치를 열었을 때입니다. 해치를 여는 순간 기압의 변화로 귀가 한동안 멍했습니다. 비행기를 타고 내릴 때 느낄 수 있는 그런 상태였습니다. 마무리를 하고 방으로 돌아와 뜨거운 물로 목욕을 하니 긴장이 풀려서인지 어지러워 한동안 침대에 누워 있었지요.

대담자 유경험자로서 느끼는 우리나라 탐사 기술의 수준은 어느 정도이고, 앞으로 시도한다면 어떤 목적으로 심해 탐사에 나서야 한다고 봅니까?

김웅서 우리나라는 앞으로 전략금속자원의 안정적인 공급을 위해 심해 광물자원 탐사를 하고 있습니다. 그동안 해양수산부에서는 심해저광물 개발 사업을 추진하면서 북동태평양에 위치한 우리나라의 광구에서 많은 탐사 활동을 해 왔습니다. 그 결과 이제는 선진국에 버금가는 심해탐사 기술을 확보했지요. 그러나 아직 심해유인잠수정을 포함해 실제적인 탐사 장비가 부족하고 전문 인력도 열악한 형편입니다. 태평양 망망대해를 1,500톤급의 연구선으로 한 달씩 나가서 탐사하기란 쉬운 일이 아니거든요.

2003년 제17차 남극월동대원팀에 지원해 남극 세종과학기지에서 근무하다 그해 12월 7일 기상악화로 귀환하지 못한 3명의 팀원을 구조하러 갔다가 보트가 전복되면서 숨진 전재규 연구원의 희생이 계기가 되어 7,000톤급의 쇄빙연구선 아라온 호가 만들어졌지만, 해양 연구에서 크고 안전한 연구선은 필수적입니다. 삼면이 바다로 둘러싸여 있고 육상자원이 부족한 우리나라에서 해양 연구는 중요합니다.

우리나라는 조선업과 수산업 분야에서 세계 선두를 달리고 있어요. 그러나 해양과학 분야는 아직도 상대적으로 뒤처져 있습니다. 심해 연구를 위해 심해유인잠수정이 절실히 필요한 때입니다.

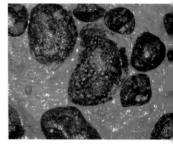

망간단괴

많은 분들은 우리가 심해에서 새로운 자원을 찾더라도 실제로 채집할 수 있느냐, 수익성이 있느냐고 묻곤 합니다. 우리가 심해에서 망간단괴를 비롯한 망간각, 열수광상을 조사하는 이유는 앞으로 육상에 있는 광물자원이 고갈될 때를 대비하기 위해서입니다. 지금과 같이 경제가 빠르게 성장하면 자원이 그만큼 더 필요할 것이고, 한정된 육상자원은 오래지 않아 고갈될 것입니다. 지금은 심해에서 채취한 광물자원이 육상에서 채취하는 것보다 비싸지만, 앞으로 자원가격이 상승하게 되면 심해저의 광물자원은 충분히 경제성이 있습니다. 얼마 전 중국의 급격한 경제성장으로 금속 가격이 천정부지로 치솟았습니다. 이런 추세라면 경제학자들이 예견하는 심해저 광물자원 개발이 경제적 가치를 갖는 분기점이 더 빨리 다가올지 모릅니다. 심해저 광물자원은 어느 날 갑자기 나가서 채광할 수 있는 것이 아닙니다. 사전에 충분한 준비가 없으면 불가능한 일이지요. 아울러 열수분출공이나 해저산맥 등에도 우리가 유용하게 이용할 수 있는 광물자원과 생물자원이 많습니다. 심해의 과학적 연구 그 자체만으로도 우리가 살고 있는 지구에 대한 지식 폭을 넓힐 수 있고요.

대담자 해양 연구를 하게 된 특별한 계기가 있는지요?

김웅서 누구든 어릴 때는 불가능한 것에 대해 꿈을 꿉니다. 저는 어린이 잡지인 〈생각쟁이〉 2002년 9월호에 제가 왜 해양생물을 공부하게 되었는지, 그 사연을 자세히 소개한 적이 있습니다. 더러는 재미있으라고 좀 과장되게 표현

한 부분도 있지만, 제가 해양생물을 공부해야겠다고 다짐한 대학 2학년 때의 일을 소개했습니다. 여수 돌산도에서 임해실습을 했는데, 그때 막걸리를 마신 후 방파제에서 소변을 본 것이 제가 가야 할 앞으로의 길을 결정짓는 계기가

어린이 잡지 〈생각쟁이〉에
실린 야광충 이야기

되었다는 이야기이지요. 그때 일을 잠깐 소개하자면, 제 소변이 떨어지는 자리에서 반짝반짝 빛이 났습니다. 나중에 알고 보니 야광충이라는 플랑크톤 때문이었습니다. 저는 그 야광충에 마음을 온통 빼앗겼고, 저의 미래까지 내맡겨 버렸던 것입니다. 그 후 지금까지 바다와 인연을 맺으며 살고 있습니다. 저의 해양연구는 이런 우연 같은 필연의 산물이지요.

대담자　그렇다면 왜 수많은 해양연구 가운데 심해탐사와 심해잠수정에 큰 관심을 두셨습니까?

김웅서　언제부턴가 저는 바다로 나가면 마음이 편하고 어떤 도전 의식을 느끼곤 합니다. 이는 단순히 바다를 좋아하

는 것과는 차원이 다른 이야기이지요. 처음 심해탐사에 나간 것은 1996년 북동태평양 심해탐사였습니다. 그때 탄 배는 제가 속한 한국해양과학기술원의 연구선 온누리호였습니다. 당시 저는 심해저자원연구센터 소속이 아니었고 제 전공분야인 동물플랑크톤만 연구했습니다. 그런데 당시 심해저자원연구센터장이 앞으로 심해저 광물사업에서 심해 환경 연구의 비중이 커질 테니 제게 심해 환경연구의 책임자를 맡아 보라고 권유하더군요. 그 일이 계기가 되어 그때부터 저는 심해저자원연구센터에 몸담게 되었고, 심해 환경 연구는 주된 관심사가 되었습니다. 물론 그 이전에도 바다에 관한 책을 쓰거나 번역하면서 이왕 해양 연구를 시작했으면 가장 어렵고 힘들다는 심해 연구를 한 번 해 봐야겠다는 생각은 있었습니다. 지금 생각하니, 심해유인잠수정에 대한 각별한 관심은 그런 가운데 자연스럽게 생긴 것 같습니다. 어렸을 적에 읽은 쥘 베른의 『해저 2만리』도 심해에 대한 호기심을 부추기는 데 큰 몫을 했지요.

대담자 해양과학자가 되려는 미래세대에게 충고나 조언을 하신다면?

김웅서 해양과학자가 되는 길은 다른 분야의 과학자가 되는 길과 크게 다르지 않다고 생각합니다. 저는 과학자가 되기 위해 갖춰야 할 가장 필요한 자질은 자연에 대한 끊임없는 호기심이라고 생각합니다. 이 호기심이야말로 과학자로서 성공할 수 있는지 아닌지를 결정하는 중요한 동력입니다. 해양과학자가 되는 길도 여느 과학자가 되는 길과 다르지 않을 것입니다. 하지만 연구 대상이 광대한 바다인 해양과학자는 그 어떤 과학자들보다 강한 도전 정신과 모험 정신을 가지고 있어야 합니다. 연구를 위해서라면 배를 집어삼킬 듯 날뛰는 파도를 뚫고서라도 먼 바다로 나갈 수 있어야 합니다. 연구를 위해서라면 쇠공도 납작하게 눌러 버릴 듯한 무시무시한 수압이 내리누르는 심해로 내려갈 용기를 가져야 합니다. 연구를 위해서라면 망망대해에서 한두 달을 버틸 수 있어야 합니다.

해양과학자는 과학자의 머리와 탐험가의 용기를 가지는 것이 필요합니다. 에디슨은 천재는 1퍼센트 재능과 99퍼센트의 노력으로 만들어진다고 했습니다. 그런데 해양과학자는 1퍼센트의 과학자 기질과 99퍼센트의 체력과 용기로 만들어진다고 생각합니다. 거대한 바다를 연구하는 해양과학자들에게는 모험 정신이 그만큼 중요하다는 뜻이지요.

대담자 예, 방금 말씀하신 모험 정신을 다음 세대들도 해
양에서 다채롭게 펼칠 수 있기를 기대하겠습니다. 긴 시간,
고맙습니다.

김웅서 박사

서울대학교 생물교육과와 동 대학원 해양학과 졸업
미국 뉴욕주립대학교Stony Brook 이학박사(해양생태학)
한국해양과학기술원 제1부원장 역임
국제해저기구ISA 법률기술위원 역임
국제해양광물학회IMMS 이사 역임
현재 한국해양과학기술원 심해저자원연구부 책임연구원
한국해양과학기술협의회 및 한국자연환경보전협회 부회장
한국해양학회 회장, 해양실크로드 탐험대장

운명의 여신과
함께한 신카이6500

김동성 박사
(한국해양과학기술원 동해연구소)

대담자 일본의 신카이^{Shinkai}6500 탑승 장소가 일본이 아닌 아프리카 마다가스카르였다고 들었습니다. 그 여정이 매우 궁금합니다.

김동성 아마 주말 오후였을 것입니다. 인천공항을 뒤로하고 파리행 비행기에 올랐습니다. 제 머릿속은 한 달간 수행할 인도양 심해저 열수 탐사에 대한 계획으로 가득했습니다. 해야 할 일을 이것저것 생각하다 보니 장장 11시간 정도 걸리는 비행시간이 어느새 훌쩍 지나 마침내 파리에 도착했지요. 심해잠수정을 타 보신 분들은 제가 왜 이런 이야기를 하는지 아실 것입니다. 실제 작업에는 물질적 상상력이 함께 작동해야 심해탐사에 성공할 수 있으니까요.

잠수정 모선 요코스카

파리에서 하룻밤을 보낸 후 잠수정 신카이6500의 모선인 요코스카 Yokosuka 호가 정박한 세인트 르뉘옹 St. Reunion을 향해 다시 비행기를 탔습니다. 세인트 르뉘옹은 아프리카 대륙의 동쪽에 있는 마다가스카르 Madagascar에서 동쪽으로 약 800킬로미터에 위치한 프랑스령 섬으로, 오래전 프랑스의 인도양 군사기지였습니다.

다음 날 일본 해양과학기술센터 JAMSTEC의 4,000톤급 모선 요코스카 호가 심해잠수정 신카이6500을 싣고 정박해 있는 작은 항구로 갔습니다. 이때 모선의 각 연구자 방에서 노트북으로 하루에 두 차례씩 인공위성을 통해 e-메일을 주고받을 수 있었습니다. 그러나 탐사 기간이 너무 길고 장거리라 노트북이 불편할 것 같아 가지고 오지 않았던 것을 무척 후회했습니다. 할 수 없이 연구선의 컴퓨터실에 있는 공용 컴퓨터를 이용했지요.

대담자 실제 탐사 작업 전, 모선에서 행하는 주요 탐사 작업과 탑승 순서 결정은 어떤 절차를 거쳐 이루어졌나요?

김동성 출발과 동시에 잠수정 지원 모선인 요코스카 호의 선장 및 주요 선원들과 일정에 대한 회의와 안전 훈련이 있었습니다. 그런 다음 술과 음식을 차려서 안전을 기원하는 제※를 간단히 올렸습니다. 그다음 날 잠수정 신카이6500의 총책임자와 조종사들이 회의를 했습니다. 이 회의에서 연구 잠항의 순서, 해야 할 연구 내용과 심해저

신카이6500 탑승

에서의 작업에 대해 토의했지요. 여러 나라의 연구자가 참여했기 때문에 자국의 입장에서 필요한 것을 요청하는 자리이기도 했습니다. 연구비를 일본 정부에서 부담했기에 일본 연구자가 많았습니다. 그러나 외국 연구자들은 이 연구가 국제공동연구로 진행되고 있다는 점을 들어 최초 몇 번의 잠항만 주최 측 결정에 맡기고, 나머지 순서는 바다 상황 등에 따라 조정하기로 했습니다. 겉으로 보기엔 누가

탑승하고 어떤 연구를 수행하느냐를 논의하는 가벼운 자리였지만, 실제로는 어느 나라, 어떤 연구가 필요한지를 토론하는 중요한 자리였던 셈이지요.

대담자　잠수정을 직접 타고 심해로 내려가기 바로 직전, 또 심해탐사가 끝난 뒤 다시 상승하여 해수면 밖으로 나오기 바로 직전의 상황이 궁금합니다. 어떻습니까?

김동성　사람들은 해양과학자들이 그저 심해에 들어갔다 나오는 것 정도로 생각하는데 그렇지 않습니다. 잠수정이 하강, 상승할 때 해양과학자들은 가장 먼저 격심한 흔들림을 이겨내야 합니다. 비유하면, 바다로 입수하기 전에는 지상의 모든 것을 다 떨치고 오라는 것 같고, 해수면 밖으로 나올 때에는 심해의 모든 것을 그냥 두고 가라는 바다의 명령 같았습니다. 이 과정에서 심한 멀미까지 하는 해양과학자도 있습니다. 물론 저는 워낙 바다에 익숙해서 그 정도까진 아니었지만, 일단 잠수정이 하강하고 상승할 때 해양과학자들은 몸 전체로 그 격심한 요동을 이겨내야 합니다. 그래서 심해 연구는 어렵지만 매력적인 연구이지요.

대담자   그냥 탑승만 하면 되는 줄 알았는데, 전혀 그렇지 않군요. 그런데 빛이 투과되는 곳까지의 바다와 그렇지 않은 바다, 그 경계를 넘나들 때의 광경은 어떻습니까?

김동성   그 경계는 한마디로 빛과 어둠이 교차하는 지점이지요. 이곳을 지나면서 보았던 '바다눈海中雪, Marine Snow'이 내리는 장엄한 장면은 정말로 감동적입니다. 이루 말로 표현할 수 없어요. 해양과학자라면 누구든 이 광경을 절대로 잊을 수 없을 것이고, 자신의 연구에 더욱더 매진할 것입니다. 그런데 제가 특별히 감동받은 것은 바로 이 경계에서 쏜살같이 헤엄치는 물고기들이었습니다. 다른 때는 그렇게 헤엄치는 것 같지 않았습니다. 평소에는 가만히 있는 물고기들이지만 잠수정이 다가가자 위협을 느껴서인지 총알처럼 빨리 달아나더군요.

대담자   그렇다면 그때 당시 심해탐사의 주된 목적은 무엇이었습니까?

김동성   무엇보다 심해저에서 발견된 열수지역의 생물상, 생태적 특징, 생물 이동에 관한 부분에 중점을 두었습니다. 동태평양에서 처음 발견된 이후 서태평양, 대서양 그리고 최근에는 인도양에 이르기까지 수많은 열수분출공과 그 주변에 서식하는 생물군집이 잇달아 발견되었습니다. 그런데 이 생물들은 아주 멀리 떨어져 있지만, 서로 유사하거나 거의 같은 종이었습니다. 이런 현상은 이들의 유생 이동 경로에 대해 의문을 불러일으켰을 뿐만 아니라, 이들이 어디서 시작해 어떤 경로를 거쳐 어디로 이동하는가에 대한 관심으로 이어졌습니다.

이번 심해탐사는 그 해답을 찾아보자는 것이 가장 큰 목적이었습니다. 혼자가 아닌 여러 나라, 여러 분야의 연구자들이 함께 수행했습니다. 우리는 시간 가는 줄도 모르고 함께 연구하는 과정에서 각자 어떤 도움이 될 수 있는지, 또 다른 연구 영역을 이해하기 위해 매일 저녁 늦은 시간까지 토론을 벌였습니다. 그 결과 최근 심해 열수지역에 사는 생물 연구 상황을 파악하는 데 큰 도움이 되었습니다.

대담자 연구의 일부만 쉽게 소개해 줄 수 있습니까?

김동성 제가 대학원생이었던 1993년에 도쿄대학교 해양연구소의 하쿠오마루Hakuhomaru 호를 타고 파푸아 뉴기니의 마누스 해분(해저 3,000~6,000미터의 깊이에서 약간 둥글게 들어간 곳)에서 열수의 징후를 발견한 적이 있습니다. 그 후 1998년 잠항 조사를 했지만 열수활동을 발견하는 데 실패했습니다. 하지만 이곳의 대표적인 생물인 이매패류(껍데기가 2개인 조개류)의 껍데기를 발견했고, 잠수정이 올라올 때 메탄 이상 현상을 찾았습니다. 그 후 몇 차례 사전 조사를 하고, 2000년 8월에 약 20일 동안 본격 조사에 착수했습니다. 총 4회에 걸친 무인잠수정 '가이코' 탐사로 게, 말미잘, 복족류(소라나 고둥 종류) 등 26종류의 생물을 발견했습니다. 또한 열수분출공 일부를 잠수정 로봇 팔로 떼어내 표면에 부착된 미생물 연구를 했습니다.

저의 전공 분야는 열수지역에 서식하는 많은 종류의 생물 가운데 아직까지 전 세계적으로 연구된 바 없는 중형저서생물meiobenthos(바다 밑 퇴적물 사이의 공간에 사는 0.1~1mm 크기의 작은 생물)입니다. 이때 저는 중형저서생물의 생물학적 특징과 생태학적 위치, 앞으로의 활용 가능성 등에 대해 연구했으며, 많은 종류의 생물을 채집할 수 있었습니다.

대담자 탑승자는 연구자와 조종자인데 각자의 역할과 준비 과정은 어떠하며, 사전 훈련 과정은 어떤 내용들로 이루어지는지요.

김동성 신분은 다르지만 공동 운명체입니다. 인도양 한가운데 위치한 잠수 지역을 향해 배로 이동하는 동안 심해유인잠수정 승선자에 대한 잠수 훈련을 합니다. 연구자들 중에는 한두 번에서 수십 번 탑승한 사람도 있고 저처럼 전혀 탑승 경험이 없는 사람도 있었습니다. 잠수정에는 조종사, 부조종사, 연구원 1명 등 총 3명이 탑승할 수 있습니다. 조종사들은 5팀 정도로 구성되며, 5번에 한 번꼴로 잠수했습니다. 잠수 훈련은 잠수팀별로 했습니다. 저는 일본 유학 시절 신카이2000 잠수정 내부를 견학한 적

신카이6500 현창

이 있었지만 신카이6500 탑승은 처음이었습니다. 그래서 실제 잠수를 위한 훈련을 하면서 약간 긴장했지요. 지름 2미터인 잠수정의 조종실에 3명이 들어가 훈련하는데, 훈련 내용은 이렇습니다. 잠수정에 달린 디지털카메라, 비디오카메라, 직접 손에 들고 찍는 스틸카메라 등 영상작업에 대한 교육을 비롯해 압력과 산소 장치, 갖가지 비상사태를 대비한

교육, 내부 장치에 대해 연구자가 알아야 할 내용, 잠항 전에 지켜야 할 사항, 준비 물건과 복장에 관한 부분이지요.

대담자 심해탐사 전후로 우여곡절이 많았습니까?

김동성 지금 생각해도 가슴이 미어지는 일이 많았습니다. 하지만 누구를 탓할 수 없는 일이지요. 바다에서 일하는 사람이면 누구나 알 수 있듯이 자연은 우리의 바람과는 다른 모습을 종종 보여 줍니다. 인도양 날씨도 예외일 수 없었습니다. 첫 잠항을 마치고 난 오후 늦게부터 인도양에 태풍 두 개가 발생했습니다. 연구진과 승무원들은 긴급회의를 가졌고, 일단 태풍 영향권 밖으로 벗어나 상황을 지켜보기로 했습니다. 일주일 이상 작업이 불가능할 것이라는 예상에, 회의를 마치고 방으로 돌아오자 불안감이 생겼습니다. 오랜 준비 작업과 힘들게 얻은 잠수정 탑승과 연구 기회를 놓칠 가능성이 커 보였기 때문입니다. 일주일 정도 잠항이 취소되면 연구자들은 그만큼 잠수 기회를 놓치게 되거든요. 오랜 시간 고생하며 인도양 한가운데까지 나왔는데 잠수 기회가 어쩔 수 없는 상황으로 사라진다면 어느 연구자가 좋아하겠습니까?

다음날부터 연구자 회의가 계속되었습니다. 각 연구자마다 자신의 전공과 연구 내용, 그리고 열수 연구의 필요성과 다른 연구자와의 연대 필요성 등을 소개하고, 앞으로의 잠항 순서와 내용에 대한 토의가 이어졌습니다. 여러 나라에서 온 다양한 전공의 연구자가 함께 모인 만큼 말 한마디 한마디가 신중할 수밖에 없었지요. 모두들 마음속으로는 자신의 연구가 반드시 필요하고, 잠항을 꼭 해야 한다고 생각했을 것입니다. 그렇지만 날씨 악화에 따라 누군가는 양보해야 한다는 것도 잘 알고 있었습니다. 며칠간 회의를 계속했지만 연구 내용에 대한 기본적인 사항만 정해졌을 뿐 연구 잠항자의 순서는 정하지 못한 상태였습니다. 그러던 중 더욱 안 좋은 소식이 날아왔습니다. 처음 예상했던 일주일이 아니라 10일 이상 잠항이 취소될 것 같다는 소식이었지요. 정말로 엎친 데 덮친 격이었습니다.

머피의 법칙이 생각났습니다. 좋지 않은 것은 꼭 연달아 생긴다는 법칙 말입니다. 그 후에도 좋지 않은 소식이 전해졌습니다. 잠수를 겨우 며칠밖에 할 수 없다는 것이었습니다. 물론 날씨는 그때 가 봐야 정확히 알 수 있는 일이지요. 요즘은 인공위성을 통한 기상예보가 정확하여 연구자들이 마음 조이는 일은 없습니다만, 그때는 그랬습니다. 다시 연이은 회의가 열렸고, 마침내 최종 결정이 났습니다. 처음에는 각 잠항 때마다 담당 잠항 연구자가 심해저 작업 내용과 순번 등을 모두 정하고 자신의 연구를 중심으로 수행하기로 결정했지만 이런 계획이 모두 취소되었지요. 최종 결정은 앞으로 몇 번의 잠항이 이루어질지 모르니 잠항자가 각 연구자들의 최소 요구 조건을 함께 수행하는 것으로 내렸습니다. 뿐만 아니라 모든 시료나 연구 내용을 모든 연구 참여자가 공동으로 소유하기로 했지요. 이는 잠항이 불가능한 연구자들을 배려한 결정이었습니다.

대담자　듣고 보니, 참으로 우여곡절이 많았네요. 그런데 운명의 여신은 누구의 손을 들어 주었습니까?

김동성　저는 앞으로 우리나라의 심해와 열수지역 연구를 위해 되도록 많은 직접 경험과 연구 결과, 그리고 생물 시료를 확보해야 한다고 생각해 왔습니다. 회의에서 이런 저의 주장을 이야기할 수밖에 없었지요. 그런데 태풍이 거세져서 배가 더 흔들렸습니다. 많은 연구자들이 뱃멀미로 고생했고, 저도 몸과 정신이 정상이 아니었습니다. 그럼에도 심해 연구의 후발국인 우리나라에 이번 경험이 얼마나 중요한지, 또 이 연구가 국제공동연구로서 얼마나 의미가 있는지 이야기했습니다. 이때 함께 참가한 일본·미국·독일의 연구자들은 이미 오래전부터 심해 연구를 한 경험이 있었습니다. 며칠에 걸친 회의 끝에 결국 저의 잠항 순서가 앞으로 당겨졌습니다. 운명의 여신이 웃으신 것일까요?

대담자 늦었지만, 축하드립니다. 여신의 손을 잡고 잠항하신 경험은 어떠셨나요?

김동성 잠항^{Dive} 663과 982. 이 번호는 앞으로도 변치 않을 나의 신카이6500 잠수 번호입니다. 잠수 훈련을 받은 대로 잠항하는 날 아침부터 준비 단계에 들어갔습니다. 사실은 전날 저녁부터 생리적인 문제 때문에 식사와 음료수 양을 조절했고, 전날 밤은 약간 긴장한 상태로 잠을 잤습니다. 잠항 당일 아침은 예상했던 대로 다른 때보다 일찍 눈이 떠졌습니다. 옷을 갈아입고 잠수팀에게서 받은 디지털 카메라와 기록 도구 등을 들고 잠수정 안으로 들어갈 준비를 했습니다. 다시 한 번 잠수정 앞에 설치한 여러 기자재와 도구를 점검하고, 동료 연구자들과 마지막 조사 내용에 대해서 검토했습니다. 모선 2층으로 올라가 잠수정 탑승구 안으로 들어가려 할 때 주위 동료들에게서 인사와 카메라 세례를 동시에 받았습니다. 비행기 안에서 11시간 동안 머릿속에서 되풀이해서 되뇌었던 잠항 절차와 순서가 스쳐 지나갔습니다.

태풍의 직접적인 영향은 없더라도 날씨는 그리 좋지는 않았어요. 잠수정 안에서 작은 창으로 밖을 내다보니, 배 위에서 내가 탄 잠수정을 바라보고 있는 사람들이 눈에 들어왔고, 잠수정의 흔들림 때문에 그들의 모습이 두세 개로 보였습니다. 이윽고 내가 탄 잠수정이 모선에서 바다 위로 내려졌고, 잠수정에 연결된 두 개의 밧줄이 벗겨졌습니다. 푸르던 바다 표층이 조금씩 어둠을 더하면서 잠수정은 바다 속 2,500미터를 향해 내려가기 시작했습니다. 잠수정 창에 비친 바다엔 이따금 해파리가 보였으며, 밑으로 내려가는 속도 때문에 창밖의 물고기가 옆으로 헤엄치는 것이 아니라 밑에서 위로 꼬리를 흔들며 올라가는 것처럼 보였습니다. 심해로 내려갈수록 점점 어두워졌고, 잠수정 실내만 불을 밝혔습니다. 해저에 다다라서 잠수정 밖 조명등을 켜자 그때서야 창을 통해 밖을 볼 수 있었지요. 시야는 대략 10

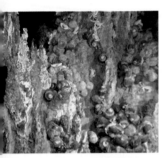

열수분출공 주변의 게

생물 채집

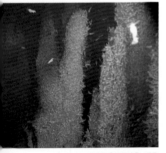

굴뚝을 뒤덮은 새우

미터 정도였고, 신카이6500의 첫 탑승과 잠항은 이렇게 이루어졌습니다.

대담자 2,000미터 심해에서 발견한 것은 무엇이었습니까?

김동성 제가 탐사한 곳에서는 새우 종류*Rimicaris sp.*가 열수분출공 주변을 개미 떼처럼 뒤덮고 있었습니다. 정말로 수만, 아니 수십만 마리의 새우가 열수지역 전체를 뒤덮고 있었습니다. 그런 탓에 열수분출공 굴뚝이 거의 모두 새우의 하얀색을 띠었지요. 그 다음으로 눈에 많이 띈 것은 굴뚝 아래에서 어슬렁거리며 다니는 게*Austinograea rodriguezensis*였습니다. 이 게는 놀랍게도 눈이 먼 게라고 할 수 있을 정도로 눈이 퇴화된 종류였습니다.

대담자　우리나라 심해유인잠수정 개발과 관련하여 한 말씀하신다면?

김동성　인도양에서 저의 첫 잠항은 노력과 준비, 그리고 행운이었습니다. 태풍으로 많은 어려움을 겪은 항해였지만, 한편으로는 좋은 소식도 있었습니다. 항해 기간 도중 2001년 일본 정부에 신청한 마리아나 해구 공동연구과제가 선정되었지요. 2002년 10월 무인잠수정 가이코로 시료를 채집하는 과제입니다. 중형저서생물 연구로는 세계에서 처음 시도하는 것이기에 아주 귀중한 기회였습니다. 하지만 우리의 심해유인잠수정이 아닌 일본의 심해무인잠수정을 이용한 공동연구라는 사실이 아쉬웠어요. 이제 우리도 2020년을 목표로 심해유인잠수정 개발을 시작했습니다. 저는 심해유인잠수정 개발에 저의 모든 경험을 온 힘을 다해 쏟을 것입니다. 이번에도 운명의 여신이 손을 들어 줄 것이라 믿습니다.

그리고 우리가 분명히 알아야 할 것이 있습니다. 심해유인잠수정 개발이 쉽지 않은 반면, 쉽지 않기 때문에 더욱더 시도해야 한다는 사실입니다. 뿐만 아니라 그 모선 개발에도 박차를 가하고, 조종사에 대한 교육 프로그램도 체계적으로 세우고 인재도 양성해야 한다는 점이지요. 저의 경험에 비추어 볼 때, 짧은 시간에 효율적으로 연구를 수행하려면 연구자가 직접 눈으로 보고 확인하며, 선상에 있는 다양한 분야의 연구자들과 실시간으로 의견을 주고받아야 합니다. 이런 과정을 실제로 지켜본다면, 심해유인잠수정과 모선이 왜 필요한지 이해하게 될 것입니다.

대담자 함께 기원하겠습니다. 우리나라 심해유인잠수정과 전용 모선 개발, 그리고 이를 운용할 인재 양성 프로그램이 꼭 이루어지길 바랍니다. 바쁜 시간 내주셔서 고맙습니다.

김동성 박사

일본 도쿄대학교 이학부 생물과학전공, 이학석사 및 박사
KIST 유치 과학자
과학기술부 과학기술정책연구회 위원
미국 델라웨어대학교 해양정책 연구위원
녹색성장 해양포럼 사무국장
경북해양포럼, 경북해양바이오산업연구원, 한국해양정책학회 이사
한국해양과학기술원 해양기반연구 본부장 역임
한국해양과학기술원 동해연구소장 역임

내 생애 새로운 아침,
완전히 다른 신세계

정회수 박사
(한국해양과학기술원 해양환경보존연구부)

대담자 심해잠수정을 처음 탑승한 것이 지금으로부터 17
년 전이라고 들었습니다. 그때 심정은 어떠했습니까? 두려
움 같은 것은 없었는지요?

정회수 그렇습니다. 1997년 9월 17일이었습니다. 그날은
제 생애에서 새로운 아침이었습니다. 대서양 한가운데 떠
있는 모선 에드윈 링크Edwin Link에 타고 있었는데, 때마침
비가 내렸습니다. 밤새 배가 심하게 흔들려 통 잠을 이루지
못한 가운데 날이 밝았습니다. 내심 심해잠수정을 처음 탑
승한다는 설렘과 함께 '오늘 잠수정 타는데 위험하지 않을
까?' 하는 생각도 없진 않았지요. 그러자 갑자기 집에 두고
온 아이들이 떠오르지 뭡니까? 초가을로 접어드는 망망대

해였고, 날씨까지 을씨년스러워서 더 그랬던 것 같았습니다. 하지만 저의 마음을 가장 크게 억누른 것은 삶과 죽음이었습니다. 지금까지 수없이 바다를 누비면서 이 생각이 따라다녔지만, 이때보다 더 진지하게 생각한 적은 없었습니다. 돌이켜보면, 심해유인잠수정을 탔던 첫날은 제 생애의 새로운 아침이었습니다.

실제 탐사는 오전 8시경부터 시작되었습니다. 비가 내리는 가운데 갑판에 우의를 입고 선 승조원들은 마치 저승사자처럼 무표정했습니다. 거대한 바다, 그 심연으로 가는 바다기사들의 숙연한 분위기 같았습니다. 내리는 빗속에서 조용히 능수능란하게 잠수정 잠항 준비를 해 나갔습니다. 저 역시 그중 한 사람이었고요.

대담자 탑승한 잠수정과 모선은 어떤 형태였습니까?

정회수 제가 탄 잠수정은 존슨 시링크였고, 최대 1,000미터까지 잠수가 가능했습니다. 잠수정 모선은 250톤급 에드윈 링크로 미국 플로리다 주 포트 피어스Pierce에 있는 하버브랜치해양연구소HBOI 소속의 배였습니다.

알루미늄 재질로 제작된 이 잠수정은 해양과학 연구로만

존슨 시링크

사용되었습니다. 그런데 제가 놀란 것은 잠수정의 제작 연도와 잠수 횟수였습니다. 존슨 시링크는 1975년에 제작된 이후 무려 22년 동안 3,000회의 잠수 기록을 갖고 있었습니다. 잠수정은 한 번 잠수했다가 떠오른 뒤 다시 잠수하기 전까지 철저하게 관리하지 않으면 곧바로 죽음과 직결됩니다. 심해유인잠수정은 바늘구멍 하나만 있어도 안 되고, 선체 연결 부위에 미세한 틈이 있어도 탑승자의 안전을 보장할 수 없습니다. 그런데 22년 동안 3,000회나 잠수했다는 것은 그만큼 관리와 안전에 철저하게 공을 들였다는 이야기이지요. 제가 놀란 것은 바로 이 부분이었습니다.

존슨 시링크는 자체 추진능력을 갖추고 있으며, 조종사 1인과 부조종사 1인을 포함하여 총 4명이 승선하도록 설계되어 있습니다. 각종 음향장비와 통신장비, CTD(염분·수온·수심을 측정하는 기기), 채수기, 로봇 팔도 장착되어 있지요. 아울러 잠수정의 모선에는 잠수정을 내리고 올리기 위해 에이프레임A-frame이 장착되어 있었습니다.

대담자 잠수 장소는 어느 곳이고, 탐사와 연구 목적은 무엇이었습니까?

정회수 제가 잠수한 곳은 980미터 수심의 대서양 해저사면이었습니다. 사실 그곳은 잠수정 존슨 시링크의 한계 수심 지역이며, 특히 심해 지형이 고르지 않으리라 예측되는 지점에서 잠수할 때 매우 긴장되었습니다.

잠수 연구 목적은 저층 해수-퇴적물 간 물질 교환을 파악하기 위해서였습니다. 해저에 실험용기를 설치하고, 용존산소(물속에 녹아 있는 산소의 양) 측정 센서를 이용하여 퇴적물의 공극수(퇴적물 내부의 틈에 스며 있는 물)에서 용존산소의 분포를 파악하고, 현장에서 퇴적물을 채취했습니다. 일반인들에게는 낯설게 들릴지 모르겠습니다만, 이런 다양한 방법으로 심해를 연구하는 목적은 미국 우즈홀해양연구소 과학자들이 제시한 가설을 검증하기 위해서였습니다. 과학자에게 검증은 가설의 논리적·합리적 결과를 얻는 과정입니다. 그러니 철저해야 하고 명확해야 하며 설득력 있어야 하지요.

대담자 잠깐, 이쯤에서 문득 생각나서 여쭙고 싶은 것이 있습니다. 많은 분들이 '바다눈'에 큰 감동을 받았다고 하더군요. 정 박사님의 경우는 어떠했습니까?

정회수 맞습니다. 겨울철이 아닌데도 바다 속에선 눈이 펑펑 쏟아졌습니다. 최근에 많은 관심을 끌었던 애니메이션 영화 「겨울왕국」에도 눈 내리는 광경이 일품이지요. 그런데 그보다 더 매력적인 광경은 '바다눈'이 내리는 모습이었습니다. 그리고 바다 속으로 점점 더 내려가자 마치 줄이 끊어진 채로 꾸불꾸불 뒤엉켜 있는 것 같은 생물이 보였습니다. 그러면서 빛이 났습니다. 확대해 보면 DNA 염기서열처럼 뒤틀린 듯도 했지만, 어둠 속에서 전구를 든 손을 휙 돌릴 때처럼 불빛이 끊어지지 않고 이어진 것 같았습니다. 이와 비슷한 광경이 영화 「라이프 오브 파이Life of Pie」에도 나옵니다. 제가 심해잠수정을 타고 내려가면서 본 잠수정 바깥의 세상은 그 무엇과도 비교할 수 없는 신비한 광경들이었고, 그 광경에 저는 매혹되고 말았지요. 실제로 눈(雪)을 확대해 보면 기하학적 무늬이지만, 심해에 쏟아지는 바다눈은 무척 감동적인 모습이었습니다. 뿐만 아니라 어둠 속을 가르며 기기묘묘하게 빛을 내며 움직이는 심해생물도 내가 본 독특한 광경이었지요.

대담자 누구나 볼 수 있지만, 아무나 볼 수 없는 광경을 경험하셨군요. 지금도 가끔 생각납니까?

정회수 그럼요. 참 오래되었습니다만, 눈을 감으면 그때 그 모습이 이따금씩 떠오릅니다.

대담자 그런 광경을 보고 싶은 분들이 수두룩할 테고, 특히 미지의 세계를 도전하려는 청소년들에겐 큰 자극제가 될 듯합니다. 첨단 디지털 시대인 지금은 클릭만 하면 아날로그 시대 때보다 훨씬 다양한 정보를 빠르게 접할 수 있지만, 최첨단 과학기술로 제작한 심해유인잠수정을 탑승한 경험은 바로 디지털과 아날로그가 결합된 경계에서의 경험이 아닐까요?

정회수 　그래서 저는 우리나라 해양교육과 정책개발에 마린테크놀로지MT, Marine Technology 철학이 있어야 한다는 것을 오래전부터 강조해 왔습니다. 마린테크놀로지는 간단히 말해 바다에서 우리 인간의 활동을 자유롭게 하는 것이라고 정의하면 쉽게 이해할 수 있을 것입니다. 이런 교육이 뒷받침되어야 심해탐사에 대한 도전 의식도 자연스럽게 생길 수 있다고 봐요.

대담자 　그렇다면 잠수정이 실제로 입수한 뒤 탐사 장소까지 이르는 과정은 어떠합니까?

정회수 　제가 탄 잠수정이 덜컹덜컹 흔들리면서 바다 속으로 풍덩 잠기는 순간부터 긴장과 흥분이 함께 몰려 왔습니다. 잠시 해수면에서 흔들리다가 모선과 서서히 분리되었고, 자체 중력으로 곧장 수직으로 하강하기 시작했습니다. 잠수정의 현창으로 본 바닷물 빛깔은 시시각각 바뀌었습니다. 처음엔 푸른 하늘빛이던 주변 바닷물이 점점 어두워졌고, 고요해진 잠수정의 비좁은 내부에는 산소 순환을 위한 팬fan이 돌아가는 소리만 들렸습니다. 놀랍게도 잠수정은 거의 미동도 없이 끝없는 심연으로 미끄러져 들어갔고, 반면 주변에서 빛을 내는 수많은 부유생물들이 위로 솟구쳐 올라갔습니다. 그러자 조금 전까지 혼란스럽던 저의 머릿속 잡생각과 두려움은 어느새 심연의 고요함 속에 스스럼없이 사라졌지요.

대담자 잠수정을 타기 전엔 삶과 죽음의 경계선상에서 긴장했지만 입수 후 심해로 하강하는 실제 과정에서는 심연의 고요함에 빨려들었다는 것이 무척 흥미롭습니다. 이 부분에서 느낀 감동이 남다를 것 같은데, 좀 더 들려주시지요.

정회수 그러지요. 책에서 배운 사실이긴 하지만, 어둡고 차가운 바다 속에도 이렇게 많은 생물이 살고 있구나 하는 걸 다시 한 번 실감했습니다. 몸은 점점 추위를 느끼기 시작했고, 그런 가운데 드디어 잠수정이 해저면에 도착해 조명을 밝혔습니다. 그때 처음 본 해저면은 제가 지금껏 본 세상과는 완전히 달랐습니다. 그동안 상상으로만 익혔던 심해 관련 지식들을 단번에 확인할 수 있는 광경이었습니다. 물론 사진으로만 봤던 심해의 모습과는 완전히 다른 신세계 그 자체였지요.

완만하게 경사진 해저사면에는 수많은 생물이 만들어 놓은 흔적들이 있었고, 군데군데 게들이 기어 다니고 있었습니다. 대략 20센티미터 크기의 어류가 해저면에서 먹이를 찾는 모습도 쉽게 볼 수 있었지요. 그곳에는 수많은 부유물이 떠다니고 있었습니다. 특히 저의 관심을 끈 것은 여성용 스타킹처럼 생기고 약 1미터 크기의 유기체 덩어리로 보이는 옅은 붉은색 물체가 바닷물에 두둥실 떠다니는 모습이었습니다. 감동이었어요. 그것을 실제로 연구하면 그 감동은 더할 것입니다.

대담자　심해 하강과 착저bottoming 과정이 감동적이군요. 탐사 작업 후 상승 과정은 어떠했습니까?

정회수　세 시간에 걸친 심해 작업이 예정대로 끝났습니다. 수많은 경험을 지닌 승조원들의 능숙한 솜씨 덕분에 무사히 작업을 끝낼 수 있었지요. 제가 탄 잠수정이 다시 떠오르기 시작했습니다. 그때부터 잠수정 안이 상당히 추워져 점퍼를 뒤집어쓰고 몸을 움츠릴 수밖에 없었습니다. 이

번엔 잠수정이 하강할 때와는 달리 끝없이 아래로 내려가는 발광 생물체들을 보면서 해수면으로 상승했습니다. 그 느낌은 엘리베이터를 타고 오르는 것과는 전혀 달랐지요. 마침내 잠수정이 해수면에 도착하자 고요하고 아름답던 신세계는 온데간데없고, 다시 지옥과 같은 상황이 펼쳐졌습니다. 바다 표면은 상당히 거칠어 조그만 잠수정을 이리저리 내동댕이쳤습니다. 그러니 잠수정 안에 있는 승조원들은 어떠했겠습니까? 바다의 거친 일렁임을 고스란히 온몸으로 견뎌내야 했지요.

평소 건강을 자부하던 저도 멀미 바로 직전까지 갔습니다. 다행히 잠수정이 잠수부의 도움을 받아 모선과 다시 연결되었고, 곧바로 갑판 위로 인양되었습니다. 만약 인양 시간이 조금만 늦었어도 잠수정 내부는 엉망진창이 되었을 것입니다. 여차하면 한국 해양학자의 체면을 구기는 일이 생길 뻔했습니다. 참으로 다행이었지요. 하지만 잠수정 해치를 열고 나올 때에는 일부러 웃음을 활짝 지었고, 정말정말 즐거웠다고 큰소리까지 쳤습니다. 그런 후 침실로 걸어가는 척하다가 아무도 눈치채지 못하게 곧바로 달려가 누워버렸지요.

대담자 첫 심해유인잠수정 탑승 체험을 그래서 생애에서 새로운 아침이라고 표현하셨군요. 아무나 맞이할 수 없는 새로운 아침이 아닐까요? 마지막으로 해양과학자로서 느낀 소감과 앞으로의 각오를 부탁드립니다.

정회수 당시 저는 한국과학재단의 지원으로 세계 최고의 해양연구소로 모두가 공인하는 미국 우즈홀해양연구소에서 박사 후 연수과정을 밟고 있었습니다. 그곳 연구원들과 함께 해양 연구에 참여하면서 때때로 많은 절망감을 느끼기도 했습니다. 이미 심해 1만 미터를 훌쩍 뛰어넘는 잠수 기록을 갖고 있는 미국에 비해, 우리나라는 아직 출발도 못하고 있는 실정이었기 때문이지요. 분명 미국은 해양학 연구 수준의 모든 면에서 선진국입니다. 하지만 저는 희망을 잃지 않았습니다. 그들의 연구에도 많은 허점이 존재한다는 것을 알았기 때문입니다. 이런 연구의 허점을 우리가 열심히 공부하고 투자와 연구로 메워 나간다면, 그리고 이런 결과를 전 세계에 적극적으로 알릴 수 있다면 우리 한국의 해양학도 세계적인 수준에 이를 것이고, 미국 또한 한국의 해양학 수준이 자신들과 비교해 결코 뒤지지 않는다는 사실을 알게 되겠지요.

첫 심해유 인잠수정 탑승과 미국 우즈홀해양연구소에서 공부하며 가장 크게 느낀 점은 해양과학자로서 '국가와 국민을 위해 내가 할 수 있는 가치 있는 일이 무엇일까?'를 항상 고민하는 삶을 살아야 한다는 것이었고, 우리나라 연·근해뿐 아니라 세계 대양의 자원과 환경에 대해서 그야말로 열심히 연구하는 것이 저의 몫이라는 것을 깊이 느꼈습니다.

대담자　정 박사님이 강조하신 해양연구자로서의 소명의식은 우리 모두 깊이 새길 점이라고 생각합니다. 귀한 말씀 고맙습니다.

정회수 박사

서울대학교 해양학과 졸업, 동 대학원 석사 및 박사
미국 우즈홀해양연구소(WHOI) 박사후과정
KISTEP/국가교육과학기술자문회의 상근위원 역임
한·중해양과학공동연구센터 소장 역임
한국해양과학기술원 연구개발실장/전략개발실장 역임
현 한국해양과학기술원 해양환경보전연구부 책임연구원

새로운 것에 눈을 뜨게 한
심해탐사

현정호 교수
(한양대 해양융합과학과)

대담자 현 교수님은 어느 나라 잠수정을 타셨습니까? 그때 전용 모선도 있었지요?

현정호 아마 국내 몇몇 해양과학자들도 탑승하셨을 테지만, 제가 탑승한 심해유인잠수정은 미국의 존슨 시링크였고, 모선은 에드윈 링크였습니다. 플로리다 주 포트 피어스 도시에 있는 하버브랜치해양연구소HBOI, Harbor Branch Oceanographic Institute 소속이었습니다.

대담자 언제 탑승하셨습니까? 실제 장소와 심도는 어느 정도였는지요?

현정호 1993년이었습니다. 생각하니, 21년 전의 일이

모선 에드윈 링크와 존슨 시링크   존슨 시링크 탑승

네요. 정확한 탐사 지점은 북위 27도 36.64분, 서경 92도 28.99분이었고, 그린 캐년^{Green Canyon}의 루이지애나 대륙사면 수심 600~1,000미터였습니다.

대담자 탐사 목적과 직접 수행하신 일은 무엇이었는지 궁금합니다.

현정호 미국 멕시코 만의 루이지애나 –텍사스 주의 대륙사면은 석유가 많이 매장된 지역입니다. 그런데 1970~80년대에 들어서자 육상과 연안의 유전이 고갈됨에 따라 굴지의 석유회사들은 점점 더 깊은 곳에서 석유를 탐사했습니다. 육지에서 멀리 떨어진 외해^{外海} 시추의 경우, 석유 시추 및 채굴 과정에서 상당량의 원유나 가스가 유출될 수 있습니다. 최근에 일어난 멕시코 만의 석유 유출 사고도 이런 석유 채취 작업에 따른 사고라고 할 수 있습니다. 때문에 미국 해양대기청NOAA에서는 석유 채굴 전에 석유 매장 지역의 환경을 파악하기 위해 멕시코 만 유전지역 부근의 해양 환경 조사를 실시했습니다.

저는 당시 미국 플로리다 주립대학교 해양학과의 해양미생물 생태연구실 소속 박사과정 학생으로, 이 심해탐사를 통해 천연가스와 원유가 새어 나오는 지역에서 탄화수소를 에너지원으로 사용하는 미생물들의 생장과 이 미생물들이 주변 생태계에 어떤 영향을 미치는지를 연구했습니다.

대담자 긴 시간 탑승하셨을 것 같습니다. 전체 탑승 시간 가운데 상승하는 시간은 얼마였고, 실제로 심해에서는 몇 시간 작업하셨습니까? 작업할 때 계획하신 시간은 충분했는지요?

현정호 정확한지 모르겠습니다만, 대략 오전 8시부터 오후 5시까지 하루 2회 잠수정이 투입되었습니다. 연구를 위한 목표 지역의 수심에서는 1회 3~3.5시간 정도 머물렀습니다. 따라서 심해 1,000미터 정도의 수심이면 하강과 상승에 각각 20~30분 정도 걸리고, 실제 탐사지역에서의 작업 시간은 1.5~2시간 정도였습니다.

제가 잠수정에 탑승했을 때에는 다행히 시료 채취에 필요한 시간이 충분했습니다. 그렇다 하더라도 기본적으로 이 연구는 잠수정 대여료만 하루에 약 1만 달러로 비싼 연구였습니다. 지금으로부터 21년 전인 1993년의 비용입니다. 그것도 야간이 아닌, 날이 밝을 때에만 해야 하는 작업이었지요. 따라서 연구자 입장으로서는 잠수 시간을 최대한 확보해야 했습니다. 시간이 남아서 미리 물 위로 떠오르는 일은 거의 없었습니다.

대담자　여러 가지 일화가 있겠지만, 혹시 지금까지 기억에 남아 있는 일화가 있으면 들려주시지요.

현정호　당시만 해도 거의 아날로그 타입의 비디오로 동영상을 찍었습니다. 승선 과학자들은 아날로그 카메라로 자신의 관심 장면을 스냅 샷으로 찍는 식으로 기록했지요. 당시 연구 책임자인 미국 해양대기청 글렌 테일러가 함께 승선한 과학자들에게 각별한 주문을 했던 말이 생생하게 기억납니다. "배 값은 하루에 1만 달러이지만 필름은 한 통에 3달러밖에 안 하니 아깝게 생각하지 말고 무조건 카메라 셔터를 눌러라!" 요즘과 같은 디지털 세상이라면 굳이 걱정할 필요도 없는 당부인데, 당

글렌 테일러와 함께

시만 하더라도 그 말이 아주 값지게 들렸습니다. 새삼 세상이 많이 바뀌었다는 생각이 드는군요.

기온은 30도를 오르내렸지만, 실제 잠수정 내부는 달랐습니다. 탑승 몇 시간 동안 아주 낮은 온도에서 지내야 했지요. 그런 까닭에 따뜻한 옷을 더 많이 준비해야 했는데, 나름 준비한다고 했지만 긴팔 티셔츠와 얇은 점퍼만 입고 승선했던 터라 추위에 한참 떨었던 일이 기억납니다. 당시는 담배를 마음 놓고 피울 수 있던 때라 라이터를 가지고 있었는데, 혹시 폭발 위험이 있을 수도 있어 탑승 전에 꺼내놓고 승선해야 했지요.

잠수정이 하강과 상승하면서 유광층(빛이 투과되는 층)에 있을 때 많은 부유물이 물속에 떠다니는 것을 보았습니다. 그것이 바로 해양학에서 말하는 '바다눈'이었습니다. 바다눈

은 해양의 표층에서 심해로 물질을 수송하는 중요한 작용 가운데 하나입니다. 제가 탔던 잠수정이 심해저에 도착한 후 조명등을 켰을 때 그 바다눈은 마치 눈보라가 몰아치는 밤에 운전할 때의 모습처럼 해저면 아래로 내렸습니다. 지금도 그 광경이 기억에 생생합니다. 저는 생물해양학 과목을 강의할 때 학생들에게 지난주 수업 내용을 잘 이해했는지를 점검하는 간단한 시험문제를 냅니다. 가끔씩 "바다눈은 극지방의 바다에 내리는 눈이다"가 맞는지 틀리는지를 답하라는 장난스러운 문제를 내면서 당시 기억을 되살리곤 합니다.

대담자 탑승했을 때와 내렸을 때, 바다에 대한 기존의 생각에 어떤 변화 같은 것이 있었습니까?

현정호 하하하, 이런 질문을 받고 보니 '평소 이런 생각을 좀 했으면 좋았을걸' 하는 생각이 드네요. 다른 것을 생각하거나 돌아볼 여유가 없어 탑승 전후로 바다가 어떻게 바뀌었는지 깊이 있게 생각해 보지 못했습니다.

저는 당시 흔치 않은 연구를 주제로 학위논문을 써야 했습니다. 때문에 무엇보다 제가 해야 하는 실험이 잘되지 않으면 안 된다는 걱정이 앞섰고, 한편으로는 재미를 느끼면서 열심히 연구를 했지만, 이런 생소한 주제로 학위논문을 쓴 이후 잠수정 탐사는 당시로선 꿈도 꾸지 못한 한국으로 돌아와 직장을 제대로 잡을 수 있을까 하는, 하지 않아도 될 걱정을 했던 기억이 납니다. 하지만 지금은 우리 국력이 많이 높아져 극지연구와 심해연구를 수행할 뿐만 아니라 쇄빙선도 만들고, 유인잠수정 건조도 적극적으로 추진하고 있습니다. 그때와 비교해 지금 상황은 상당히 좋아졌고, 다행이란 생각을 많이 합니다.

대담자 유경험자로서 느끼는 우리나라 심해유인잠수정 개발의 필요성은 무엇입니까?

현정호 심해유인잠수정 탐사의 가장 큰 장점은 우리가 원하는 장소에서 원하는 시료를 직접 획득할 수 있고, 원하는 환경의 모습을 직접 눈으로 확인하며 영상에 담을 수 있다는 점입니다. 해양학 연구의 상당 부분은 눈에 보이지 않는 수층의 온도와 염분에서 비롯된 밀도 차이에 따른 수층구조를 해석하면서 해양의 갖가지 현상들을 설명해 냅니다. 뿐만 아니라 해저의 지형, 심지어 지층 구조도 여러 가지

음향기법을 활용해 배 위에서 재현할 수 있습니다. 하지만 잠수정 없이 배 위에서 제한된 시간에 얻은 시료들이 실제 연구지역에서 생태적으로 얼마나 중요한지 판단하기는 쉽지 않습니다. 따라서 잠수정을 이용한 심해 생태계 연구는 획득한 시료의 생태적 중요성을 판단하는 데 결정적인 도움을 줍니다. 다시 말해, 배 위에 올라온 시료가 정말로 그 지역에 풍부한 생물군에 속하는지를 판단하는 직접적인 증거로 제시할 수 있다는 것입니다.

멕시코 만 천연가스 유출 해역

대담자 아, 그렇습니까? 그런 증거 중 하나를 좀 소개해 주시지요.

현정호 일단, 저의 경우를 예로 들어 보겠습니다. 널리 알려졌다시피 심해 열수지역이나 제가 연구한 멕시코 만의 천연가스 유출지역은 대형 조개류나 관벌레가 많이 사는 곳입니다. 이런 생물의 분포 범위는 가스가 새어 나오는 지역에 한정됩니다. 때문에 가스가 간헐적으로 새어 나오는 수심 수백에서 수천 미터의 해저에서 이 대형생물들의 분포 양상을 파악하고, 시료 채취와 가스를 모아서 성분 분석을 하려면 잠수정을 이용하여 시료를 직접 채취하는 것이 필요합니다. 잠수정 도움 없이는 원하는 지역에서 원하는 시료를 효율적으로 채취하기가 거의 불가능합니다.

실제로, 관벌레나 대형조개류가 가스가 새어 나오는 지역에서 대량 서식하는 것은 이들의 몸속에 메탄이나 황화수소를 에너지원으로 사용하는 화학합성 세균들이 공생관계를 유지하기 때문입니다. 다시 말해, 화학합성 세균들은 부착 저서동물들에게서 안정적으로 에너지원(메탄, 황화수소 등)을 공급받아 유기물을 합성하고, 이렇게 생성된 유기물을 부착 저서동물들이 이용하는 식으로 공생관계를 유지하고 있습니다.

심해유인잠수정을 이용한 또 다른 사례입니다. 심해 열수분출공과 냉용수 지역(열수분출공보다 훨씬 낮은 20~30도의 물이 솟아나오는 지역) 환경에서 유출수의 확산 범위를 파악하고, 유출수가 확산되는 동안 미생물의 조성·활성·생체량과 메탄·황화수소와 같은 화학물질의 농도 변화를 이해하려면 수 미터에서 수십 미터 이내의 좁은 범위에서 시료 채취가 정확히 이루어져야 합니다. 이렇게 시료를 채취하려면 심해유인잠수정의 도움 없이는 곤란합니다.

대담자 혹시 어린 시절에도 심해유인잠수정에 대한 관심이 있었습니까?

현정호 사실 그때는 크게 관심을 갖지 않았습니다. 어린 시절 만화나 소설에서 잠수정을 접했겠지만, 타 보고 싶다는 생각을 한 기억은 없습니다.

대담자 만약 자녀가 심해유인잠수정을 타고 싶다거나 해양과학자로서의 삶을 원한다면 무엇부터 관심을 가지라고 하시겠습니까? 또한 해양과학자로서 미래세대에게 충고나 조언을 하신다면?

현정호 이미 자식들이 모두 각자 원하는 분야의 대학으로 진학한 지금, 현실적으로 생각해 볼 수 없는 문제입니다. 하지만 만약 제게 해양학자로서의 삶을 꿈꾸는 자식이 있고, 바다 곳곳을 탐험하는 일을 즐기길 원한다면, 평소 여행을 자주 하고 다양하게 사고할 수 있게 여러 분야의 책을 많이 읽어 교양을 쌓으라고 말하고 싶습니다. 이런 충고는 아주 쉽게 실천할 수 있음에도 지금의 한국 현실에서는 쉬운 일이 아닐 듯합니다. 아울러 학문적인 면에서 많은 전공 분야가 있겠지만, 학부 과정에서는 수학, 물리 또는 화학, 생물과 같은 기초과정에 대한 지식을 더 많이 쌓으라고 권하고 싶습니다.

대담자 21년 전의 기억을 되짚어 주신 데 대해 깊이 감사 드립니다. 아울러 가상으로 내세운 자녀 교육이었지만, 특별히 당부하신 여행, 독서, 다양하게 사고할 수 있도록 교양을 쌓으라는 말씀은 이 대담을 읽는 많은 사람들에게도 매우 유익할 듯합니다. 고맙습니다.

현정호 교수

인하대학교 해양학과 졸업, 동 대학원 해양학 석사
미국 플로리다주립대학교 이학박사(해양미생물 생태/생지화학)
한국해양연구원 선임 및 책임연구원 역임
플로리다 주립대학교 해양학과 방문연구원
한국해양학회 및 한국미생물학회 편집위원
미국 담수-해양학회 및 국제미생물 생태학회 정회원
현 한양대학교 해양융합과학과 교수

1분 1초가 아까운
경이로운 심해탐사

이창식 박사
[㈜에이에이티]

대담자　이 박사님은 심해유인잠수정을 두 차례 탑승하셨다고 들었습니다. 어느 나라 잠수정이었는지, 그 잠수정의 이름과 소속, 모선에 대해 소개해 주십시오.

이창식　그렇습니다. 심해 연구를 위해 저는 심해유인잠수정을 두 차례 탑승했습니다. 제가 탑승한 잠수정과 모선은 모두 미국 국적이었습니다. 하나는 미국 우즈홀해양연구소가 운영하는 심해유인잠수정 앨빈이고, 모선은 아틀란티스 II였습니다. 또 하나는 미국 하버브랜치해양연구소 소속의 심해유인잠수정 존슨 시링크 I, 모선은 에드윈 링크였습니다.

심해유인잠수정 앨빈

심해유인잠수정 존슨 시링크

대담자 언제 탑승하셨는지요? 당시 탑승 장소와 최저 수심은 얼마였습니까?

이창식 미국 유학 당시, 박사논문 주제에 관한 연구를 위해 심해잠수정을 타게 되었습니다. 지금은 미국, 프랑스, 러시아, 일본, 중국 등에서 심해 6,000미터까지 내려갈 수 있는 심해유인잠수정을 갖추고 있어 해구海溝(대양 밑바닥에 좁고 길게 움푹 들어간 곳)처럼 특별히 깊은 지역을 제외하고 거의 원하는 깊이까지 내려갈 수 있지요. 하지만 심해유인잠수정의 종류에 따라 잠수 깊이와 잠수 시간 등이 모두 다르기 때문에 연구 대상 해역의 깊이와 연구 목적에 따라 심해유인잠수정의 종류를 결정해야 합니다. 저는 1992년 5월 앨빈을 타고 멕시코 만 해저 2,200미터까지 한 차례 잠수한 바 있고, 존슨 시링크 I을 타고 멕시코 만 대륙사면 600미터 해저를 두 차례 조사한 경험이 있습니다.

대담자　탐사 목적과 구체적으로 수행하신 일은 무엇이었습니까?

이창식　탐사 목적은 미국 멕시코 만 대륙사면에서 석유와 천연가스가 나오는 지역의 독특한 지질학적·지구물리학적·생물학적·화학

존슨 시링크 탐사

적 특성을 연구하는 것이었습니다. 여기에 연구자로 참가해 제가 수행한 일은 화학합성 생물군집의 생물상과 지질 관찰, 그리고 지질·화학·생물 자료를 얻는 것이었습니다. 여러 나라와 여러 기관의 과학자들과 함께 프로젝트에 참가해 우리나라의 심해가 아닌 미국의 멕시코 만 해저를 탐사하는 과학자로서의 임무를 수행했다는 데 자부심을 느낍니다.

대담자　탑승하신 전체 시간은 어느 정도인지요? 하강과 상승할 때 시간이 얼마나 걸렸고, 심해에서의 실제 작업 시간이 궁금합니다. 혹시 심해에서 작업할 때 시간은 충분했습니까?

이창식　아마도 심해 연구를 하는 연구자라면 누구든 되도

록 오랫동안 심해저에 머물면서 연구할 수 있기를 바랄 것입니다. 하지만 오늘날의 기술력은 최대 10시간 정도의 잠수 시간밖에 허락하지 않는 것으로 알고 있습니다.

먼저 앨빈의 경우부터 이야기하겠습니다. 제가 탑승한 시간은 대략 8시간이었지만, 그 가운데 상승과 하강에 걸린 시간이 무려 6시간이었고, 목표 장소에서 작업한 실제 시간은 약 2시간이었습니다. 정말 아쉬웠지요. 한 번 잠수가 끝난 후 다음 잠수를 시작하기까지 과학자들에게도 준비 시간이 물론 필요하지만, 배터리를 충전하는 시간이 상당히 길어 잠수 시간은 거의 배터리 충전 시간에 따라 결정되었습니다. 앨빈은 과학자와 조종사가 좁은 내부 공간에 함께 있는 구조였으며, 제가 참여한 잠수 차례에서는 저와 미국 대학교수 1명, 그리고 조종사 1명이 탑승했습니다. 외피에 다양한 부속물이 부착되어 전체 외형은 둥근 형태가 아니었지만, 사람이 머무는 내부 공간은 엄청난 수압을 견디기 위해 둥근 형태로 설계되었지요. 앞으로 심해에서 더 오래 머물며 생산적인 작업을 하려면 잠수정 자체의 성능이 개선되어야 하겠고, 내부 공간도 넓어져 더 많은 인원이 탑승할 수 있다면 좋겠지요.

심해유인잠수정 앨빈 탐사

대담자　첫 번째 잠수정 앨빈에 이어, 두 번째 존슨 시링크
I의 경험도 궁금합니다.

이창식　존슨 시링크 I 잠수정의 잠수 가능 시간은 앨빈의
절반 정도입니다. 총 탑승 시간은 약 4시간이었고, 상승과
하강에 걸린 시간은 2~3시간, 실제 작업 시간은 2시간 정
도였습니다. 앨빈의 경우와 비교해 탐사 장소와 깊이는 다

르지만, 실제 탐사 장소에서의 작업 시간은 비슷했습니다. 존슨 시링크 I은 앨빈과 달리 독립된 두 개의 실내 공간을 갖춘 구조로 되어 있습니다. 앞쪽 실내 공간은 공 모양이고, 앨빈과 달리 전체가 투명하여 외부 관찰이 더 쉬웠습니다. 조종사 1명과 과학자 1명이 탑승했으며, 뒤쪽 실내 공간은 창문이 있는 원통형의 불투명 챔버chamber 형태로 과학자 2명이 탑승할 수 있습니다. 모두 4명이 탑승했지요. 앞쪽 실내 공간이 앨빈과 달리 투명한 이유는 존슨 시링크 I이 앨빈보다 상대적으로 얕은 깊이로 잠수해 이에 따라 견뎌내야 하는 수압이 상대적으로 낮아 유리질 소재를 사용했기 때문이라고 들었습니다. 앨빈에 잠수할 때나 존슨 시링크 I에 잠수할 때도 모두 실제 작업 시간이 충분하지 못해서 아쉬웠지만, 그럴수록 1분 1초가 아까워 탐사에 더 집중했습니다.

대담자 혹시 지금도 기억하고 있는 일화가 있습니까?

이창식 앨빈은 존슨 시링크 I보다 훨씬 깊이 잠수할 수 있는 능력을 갖춘 심해유인잠수정입니다. 따라서 탑승 시간도 무려 8시간 가까이 되지만, 잠수정 내부에는 화장실이 따로 없이 소변 용기만 준비되어 있었습니다. 아마 지금도 다르지 않을 겁니다. 따라서 되도록 화장실을 이용해야 하는 상황이 발생하지 않도록 해야 했지요. 사람의 생리문제는 마음대로 조절할 수 없고, 언제 어떻게 돌발적으로 나타날지 알 수 없기 때문에 탑승 전에 연구책임자는 음식과 수분을 섭취하지 말라고 강력하게 권유합니다. 존슨 시링크 I 탑승 때의 일입니다. 600미터 해저에서 로봇 팔과 푸시 코어러Push Corer(표본 채취기)를 사용해 지질 시료를 채취할 즈음, 영화에서나 볼 수 있는 톱처럼 긴 입을 가진 커다란 어류가 갑자기 나타

앨빈의 모선 아틀란티스

아틀란티스의 심해유인잠수정 진수인양장치

나 우리 작업을 방해한 일이 있었습니다. 톱상어와 비슷했지요. 어류학자들은 '황새치swordfish'라고 표현하던데, 그 자리에 어류학자가 있지 않아 정확한 종은 알 수 없었습니다.

143

해저 600미터 깊이에 이런 어류가 있다는 것도 놀라웠고, 이 어류가 잠수정의 로봇 팔과 튜브 장치를 집요하게 공격하는 것도 신기했습니다. 잠수정 앞쪽 조종실에 탑승한 미국 과학자가 당황해 어쩔 줄 모르고 마구 욕을 해댄 것이 비디오테이프에 고스란히 녹화되어 나중에 이 장면은 함께 참여한 과학자들에게 큰 웃음을 선사하기도 했지요. 그 덩치 큰 어류로서는 당연한 일이었는지 모르지만, 결국 시료 채취도 제대로 못하고 튜브 장치까지 고장이 나서 보수한 뒤에야 잠수를 해야 했으니, 우리 연구자들로선 난감한 일이었습니다.

심해유인잠수정 앨빈에 대한 소개 책자를 보면, 과거 심해 탐사 중에도 이와 비슷한 어류가 나타난 적이 있습니다. 그 어류의 톱 모양의 입이 앨빈 외피의 틈에 끼는 바람에 잠수정과 함께 수면 위까지 올라온 장면이 사진으로 남아 있지요. 아마도 그 어류들은 자기 영역에 침범한 난생처음 보는, 무엇보다도 자신보다 상당히 몸집이 큰 이 잠수정에 대한 경계심이 아주 컸던 모양입니다.

인상적인 일이 또 하나 있습니다. 겉보기에는 그리 크지 않은 심해잠수정이지만, 내부에는 심해에서 생길 수 있는 만약의 위험 사태에 대비한 위기대처 시설이 잘 갖춰져 있고, 위기상황 때 어떻게 행동해야 하는지 탑승자들의 훈련 과정이 아주 성실하고 철저하다는 점입니다. 여기에는 위기 상황에 미리 대처하는 인간의 현명함은 물론, 귀중한 생명에 대한 존중사상이 바탕에 있기 때문입니다. 하지만 잠수정이 상승하고 하강할 때의 긴 시간 동안에는 관찰할 만한 대상이 거의 없어 약간은 무료했지만, 이 시간을 해저에 도착한 뒤 수행해야 할 일을 다시 한 번 차근차근 준비하고 연습하는 시간으로 활용했던 것이 제 기억에 오래 남아 있습니다.

대담자 잠수정에 올랐을 때와 내렸을 때, 바다에 대해 갖고 있던 생각에 변화가 있었습니까?

이창식 무엇보다 미지의 심해저를 직접 보고 느낄 수 있었다는 것이 무척 기뻤습니다. 경이로운 바다를 계속 연구하고 싶다는 욕망도 한층 더 커졌으며, 바다에 대한 경외심 또한 더욱 커졌던 것 같습니다.

대담자 유경험자로서 느끼는 우리나라 심해유인잠수정 개발의 필요성은 무엇입니까?

이창식　우리나라 해양과학 연구의 깊이와 폭을 한층 더 넓히려면 심해유인잠수정 개발이 반드시 필요합니다. 우리 인류가 아직 알지 못하는 바다의 무수한 숨겨진 비밀을 풀 수 있는 좋은 기회, 그리고 우리 인류의 삶을 더욱 풍성하고 다양하게 이끌어 갈 수 있는 유익한 기회를 마련해 주리라 믿습니다.

대담자　만약 자녀가 심해유인잠수정을 타고 싶다거나 해양과학자로서 살고 싶어 한다면 무엇부터 관심을 가지라고 말씀하시겠습니까? 아울러 해양과학자로서 미래세대에게 충고나 조언을 하신다면?

이창식　젊은이들이 갖고 있는 커다란 보물 가운데 하나가 새로운 경험에 대한 도전 의식일 것입니다. 이런 의지는 해양과학자에게도 절대적이지요. 우리나라의 젊은 해양과학자들에게 조언한다면, 세계 여러 나라의 해양과학자들과 서로 교류하고 함께 연구할 수 있는 기회를 보다 적극적으로 찾아 나가라는 겁니다. 전 지구적인 주제에 관한 공동의 연구 결과는 인류가 공유해야 할 중요한 가치이자 자산이

되기 때문입니다.

대담자　전 지구적 차원에서 공유해야 할 가치와 자산이야말로 바다가 우리에게 주는 보물이겠지요. 기업 운영과 연구에 한창 바쁘실 텐데, 귀한 시간 내주셔서 감사합니다.

이창식 박사

서울대학교 해양학과 졸업, 동 대학원 석사
미국 텍사스 A&M 대학교 이학박사(해양지질학)
삼성물산 건설부문 기술연구소 수석연구원 역임
해양수산부 정책자문위원회 자문위원 역임
과학기술부 국가과학기술위원회 전문위원 역임
현 기획재정부 국가연구개발사업 상위평가위원회 평가위원
해양수산부 해양한국발전프로그램 운영위원회 운영위원
(주)에이에이티 대표이사

땅은 지쳤지만
바다는 아직 눈뜨지 않았습니다

대한민국은 비록 땅은 좁지만
삼면이 바다로 열려 있습니다.
그리고 그 바다는 넓이와 함께 깊이를 지닌
미지의 세계입니다.
이 바다에 우리 해양과학자들이
역사적인 도전장을 던졌습니다.

2020년을 목표로 심해 6,500미터까지 내려갈 수 있는
심해유인잠수정 개발에 나선 것입니다.
이는 650기압을 견딜 수 있는
해양과학기술력을 갖추는 일이며,

미국, 프랑스, 러시아, 일본, 중국에 이어
세계 여섯 번째로 도전하는 획기적인 일입니다.
지금 인도가 심해유인잠수정 개발을 시작했기 때문에
일곱 번째가 될지도 모르겠습니다.

여러분의 희망은 무엇입니까?
희망은 길과 같고,
걷는 사람들이 많아지면 길이 생긴다고 합니다.
2020년 이 목표가 완성되는 그날!
우리 국민 모두는 심해 6,500미터 세계로 갈 수 있습니다.
깊이 숨어 있던 신비로운 바다 영토가
우리 눈앞에 펼쳐지는 것입니다.
바다가 주는 새로운 희망도 찾을 수 있습니다.
우리나라 해양과학자들이 국민과 함께
희망의 바닷길을 열겠습니다.

가슴에 별이 지면 하늘에도 별이 집니다.
바다가 사라지면 우리의 희망도 빛을 잃습니다.
땅은 지쳤지만 바다는 아직 눈뜨지 않았습니다.

바다에서 미래를 찾고, 심해에서 희망을 찾는

이 역사적인 도전에 함께 해 주십시오.

우리의 아이들에게 새로운 바닷길을 열어 주십시오!

김웅서, 최영호

사진에 도움 주신 분

'3부 심해유인잠수정 탑승자들과의 대화'에 수록된 사진

＊김경렬 교수(광주과학기술원 기초과학부/ 서울대 지구환경과학부)

＊김동성 박사(한국해양과학기술원 동해연구소)

＊정회수 박사(한국해양과학기술원 해양환경보존연구부)

＊현정호 교수(한양대 해양융합과학과)

＊이창식 박사[(주)에이에이티]